Le climatiseur contre le climat

Éditions Favre SA
Siège social et bureaux :
29, rue de Bourg – CH-1002 Lausanne
Tél. : (+41) 021 312 17 17
lausanne@editionsfavre.com
www.editionsfavre.com

Groupe Libella

Dépôt légal en mars 2024

Couverture : Iuna Allioux
Mise en pages : Lemuri-Concept

ISBN : 978-2-8289-2150-7

Les Éditions Favre bénéficient d'un soutien structurel de l'Office fédéral de la culture pour les années 2021-2024

Jacques Neirynck

Le climatiseur contre le climat

Comment s'en passer

FAVRE

La politique n'est pas l'art du possible,
mais de rendre possible ce qui est nécessaire.
Cardinal de Richelieu

Pour Theo

I

Une fausse solution à un vrai problème

PENDANT QUARANTE ANNÉES, l'auteur exerça la profession d'ingénieur, de chercheur et d'enseignant, en développant des applications de l'électricité. Pourquoi s'en prend-il aujourd'hui au climatiseur parmi la multitude des appareils électriques?

L'utile et le superflu

Pas pour le décrier mais pour le recadrer. Utilisé à mauvais escient, il devient inutile, inefficace, nocif et, surtout, il distrait des véritables solutions qui existent, qui sont durables et économiques. Le climatiseur constitue une innovation nécessaire, qui est déviée de son objectif. Elle n'est pas la seule de son espèce, mais elle est particulièrement démonstrative d'un phénomène général, en ce sens qu'elle aggrave ce qu'elle est censée atténuer, sur base d'une illusion technique. Plus on développe le climatiseur, plus on en accroît le besoin, plus on élargit son marché et plus le réchauffement climatique croît.

Il fallait l'inventer et le mettre au point, pour ces situations particulières, où des personnes et des installations ne peuvent supporter une température élevée de l'environnement, que ce soit une salle d'opération ou un laboratoire, une maison de repos ou une salle de spectacle.

Toutefois, si l'on soutient une pratique commerciale, consistant à les vendre massivement à tous les ménages, les placer, les entretenir, consommer de l'électricité, on n'aura en rien résolu le véritable problème, qui est le réchauffement climatique, mais on l'aura à l'inverse accru. De plus, comme nous subissons des menaces de pénurie d'électricité, il est déraisonnable de les aggraver sans nécessité, car il existe d'autres méthodes de climatisation. Celle-ci ne se résume pas au climatiseur.

À un véritable défi, le réchauffement climatique et le besoin de climatisation, c'est la plus fausse des solutions, celle qui le complique davantage tout en semblant s'imposer. Il ne sert à rien d'extraire la chaleur d'un bâtiment pour la rejeter sur la voie publique d'une ville déjà surchauffée, au prix d'une lourde consommation d'électricité, qui se dégrade en une source de chaleur supplémentaire. Cela fait penser à ce héros de la comtesse de Ségur, Gribouille, qui se jette dans une mare parce qu'il pleut.

Selon certaines sources, l'accès à la climatisation sauverait actuellement des dizaines de milliers de vies par an ; le risque de décès lié à la chaleur serait réduit pour les foyers ayant un climatiseur. L'origine de ces informations, qui courent les réseaux sociaux, n'est pas traçable : elles proviennent sans doute de la communication des producteurs de climatiseurs. Il est plausible que les climatiseurs existants aient préservé des vies, mais sans que l'on puisse chiffrer leur nombre. La question n'est pas de savoir si le climatiseur est parfois utile, mais s'il est toujours indispensable. Ou encore s'il ne constitue pas une partie du problème.

Climatiseurs et énergie

Petit calcul. Certaines statistiques évaluent à 345 000 le nombre de climatiseurs vendus chaque jour. Admettons ce chiffre. Dans le même temps, on n'investit pas à proportion dans la production de l'électricité nécessaire. Si la consommation d'un climatiseur n'était que de 1 kW, cela signifie, pour alimenter les climatiseurs installés en une journée, qu'il faudrait ajouter chaque jour à la production existante d'électricité: soit une production de 345 MW, le tiers d'une centrale, soit 345 000 panneaux solaires de 1kW, soit 345 éoliennes de 1 MW dans le monde. Il est irréaliste de prévoir de tels investissements, soit construire des centrales à charbon qui produisent du CO_2, soit construire plus de cent réacteurs nucléaires par an dans le monde entier alors qu'il ne s'en édifie pour l'instant que cinquante.

Par ailleurs, l'investissement dans une capacité de production d'électricité, qui ne sera consommée en zone tempérée que quelques semaines de canicules par an et, de surcroît, de jour, n'est pas rentable.

En effet, l'électricité est affligée de la particularité de ne pas se conserver. Les producteurs sont astreints à satisfaire la demande au moment où elle se présente. Spécialement le pic annuel, en fonction duquel il faut dimensionner le réseau et les centrales. L'énergie en ruban est produite par des centrales thermiques, à charbon ou nucléaires, que l'on ne peut ni démarrer, ni arrêter instantanément. Les centrales hydroélectriques fournissent la pointe.

Normalement dans l'hémisphère Nord la pointe annuelle se produit une fin d'après-midi de décembre lorsque les entreprises et les ménages consomment simultanément. Pour l'instant, le pic dû à la climatisation, vers midi en été, est encore inférieur au pic du chauffage vers 18h en hiver, mais il risque de le dépasser si on multiplie les climatiseurs et de devenir la norme de l'investissement à consentir. Créer un nouveau pic de consommation est une absurdité technique et financière.

Et ce n'est que la consommation visible. Car il faut de l'énergie électrique pour construire les climatiseurs, pour les transporter, pour les commercialiser, pour les installer. Or la production actuelle d'électricité frôle déjà la pénurie par sa fonction de vecteur universel de transport de l'énergie.

Transition des combustibles fossiles à l'électricité

Pendant les deux derniers siècles, l'énergie nécessaire au monde industriel a été surtout transportée par des combustibles fossiles. Contraints et forcés par le réchauffement climatique, ils doivent être sinon abandonnés, du moins très largement réduits dans un délai très court. Il faudra donc produire beaucoup plus d'électricité qu'actuellement, avec des ressources renouvelables et décarbonées. Car les voitures en consommeront au lieu d'essence, les chauffages par pompes à chaleur remplaceront ceux à mazout, les applications numériques se multiplieront.

Telle est la principale raison d'éviter l'installation massive de climatiseurs, qui alourdirait encore un bilan déjà déséquilibré et qui compliquerait l'inéluctable mutation majeure du réseau électrique. Plus la pénurie d'électricité menace, plus son prix augmente, au détriment des ménages les moins favorisés, plus croissent les risques de rationnement. Tout comme il a réduit l'éclairage urbain de nuit, un pouvoir aux abois n'hésitera pas à interdire l'utilisation de climatiseurs, précisément au moment des canicules. D'inutiles, ils deviendraient alors inutilisables. On ne résout pas les problèmes avec les outils qui les ont engendrés, disait Einstein.

Prendre le réchauffement au sérieux

Ainsi l'emploi général de cette technique pour contrer le réchauffement climatique constitue-t-il un piège, symbolique d'une situation globale. Elle n'apporte qu'un soulagement, à la fois transitoire et localisé à l'intérieur d'un bâtiment, mais elle contribue à l'augmentation globale des températures de la planète, suscite l'achat de climatiseurs supplémentaires et constitue un cercle vicieux. Sauf pour les firmes qui les produisent et qui en font la promotion. Sauf pour les privilégiés qui assurent leur confort individuel, au préjudice de l'inconfort de ceux qui n'ont pas les moyens.

L'été 2023 a présenté les températures mondiales les plus élevées jamais mesurées: 2023 sera l'année la plus chaude de l'Histoire. «L'effondrement climatique a commencé», a déploré le secrétaire général de l'ONU Antonio Guterres.

Chaque été est marqué en Europe par des records de chaleur et de sécheresse. Pour contrer ces vagues toujours plus fréquentes, de plus en plus de consommateurs sur la planète s'équipent d'un climatiseur, dans la mesure où leur niveau de vie s'élève et le permet. On estime que si tous les Franciliens, accablés par des canicules à 50°C, acquéraient des climatiseurs, la température de la région augmenterait d'environ 2°C. Le choix du richissime Qatar de climatiser ses stades pendant la Coupe du monde de football est un exemple outrancier de désinvolture énergétique, à la seule portée d'un producteur de pétrole.

L'envie et le besoin

C'est une règle générale. Toute augmentation réelle du pouvoir d'achat est compensée par l'apparition de nouveaux besoins, plus ou moins artificiels, plus ou moins manipulés.

Exemple classique: il a fallu du temps pour parvenir à créer des réseaux de distribution d'eau potable. C'était à peine réalisé que l'industrie s'est ingéniée à promouvoir l'eau en bouteille, parfaitement inutile aussi longtemps qu'il y a une distribution d'eau potable qui fonctionne. Lorsque celle-ci défaille, l'eau en bouteille a toute son utilité, mais elle constitue une exception. Sans aucun argument objectif, la publicité a réussi à en faire une règle.

Selon sa logique propre, l'industrie crée de nouveaux marchés pour compenser les améliorations de productivité. Le marketing commence par générer des envies là où il n'y avait pas de besoins et puis il fait passer ces envies pour des besoins. Dans la mentalité des consommateurs, l'inutile devient indispensable.

État des lieux

Près de 2 milliards de climatiseurs sont déjà installés dans le monde, dont la moitié aux États-Unis et en Chine. On en prévoit plus de 5 milliards en 2050. Alors que 87% des ménages aux États-Unis en bénéficient, pour les 3 milliards d'habitants dans les régions les plus chaudes du monde, seuls 8% ont la climatisation. De même, les voitures récentes sont pratiquement toutes équipées d'un climatiseur alors que c'était exceptionnel auparavant.

Le cas de l'Égypte est symbolique. Nation de 105 millions d'habitants, elle connaît au Caire des canicules de 35 °C qui atteignent parfois 40 °C, de façon de plus en plus répétée. Seuls 19,4% des ménages possèdent un climatiseur. Une majorité de 90% se contentent d'un ventilateur, moins coûteux à l'achat et à l'utilisation.

Dès la fin du mois de juillet, les autorités égyptiennes instaurent des coupures d'électricité d'une ou deux heures par jour, seule solution pour gérer un réseau surchargé. Beaucoup de consommateurs en viennent à ne pas utiliser constamment le climatiseur à cause du coût de l'électricité, parce que l'inflation réduit leur pouvoir d'achat. La climatisation révèle ainsi ses limites: inégalité sociale, surcharge du réseau électrique, mesures forcées de rationnement.

On ne lutte pas contre le réchauffement climatique en protégeant les nations, qui sont à la fois les plus riches et les plus polluantes, et en accroissant leur gaspillage. Selon certaines estimations, la totalité des climatiseurs et ventilateurs de la planète représente environ 10% de la consommation mondiale d'électricité et cette proportion pourrait tripler d'ici 2050. Cela représente déjà 2,5 fois la consommation totale de l'Afrique. Or, nous avons besoin en priorité de cette électricité pour les voitures et les pompes à chaleur, où elle est irremplaçable.

Par ailleurs, la moiteur d'une pièce ou d'une voiture climatisée est rejetée dans l'environnement. Les villes en souffrent principalement parce qu'elles sont densément peuplées, avec peu de végétation, beaucoup de béton qui absorbe la chaleur de jour et la rejette la nuit, un sol bituminé et des tours de verre qui sont des serres inhabitables sans climatisation.

New York endure des étés particulièrement chauds, dont la climatisation de la plupart des immeubles réchauffe les rues, encore plus irrespirables. En rejetant de l'air chaud dans les rues, l'air conditionné contribue à l'effet d'îlot de chaleur urbain. En été, se déplacer dans ce milieu fait passer instantanément du climat tropical des rues à celui scandinave des bâtiments. La circulation entre une pièce glacée et un extérieur suffocant constitue une bonne recette pour contracter des infections respiratoires. La hausse de température de nuit se situe à 1 ou 2°C au centre-ville par rapport à la campagne environnante et perturbe le sommeil.

Les problèmes posés par l'air conditionné ne s'arrêtent pas là. Les climatiseurs utilisent généralement des gaz réfrigérants (de type HFC) qui sont des milliers de fois plus puissants que le CO_2 en matière de réchauffement lorsqu'ils s'échappent dans l'atmosphère. Sur l'ensemble de la planète, la production d'électricité pour la climatisation a rejeté en 2022 un milliard de tonnes de CO_2 dans l'atmosphère, sur un total de 37 milliards.

Pour certains pays très peuplés situés dans les zones tropicales ou équatoriales, la climatisation est nécessaire pour garantir la qualité de vie, voire la vie tout court. À Singapour par exemple, cité-État au climat chaud et humide, pays riche, la consommation des climatiseurs représente le quart de la consommation d'électricité des ménages.

Le paradoxe de Jevons

À moins d'un problématique changement spontané de la consommation, les émissions de gaz à effet de serre liées à la climatisation devraient doubler d'ici 2040. Pour rafraîchir des privilégiés, elles font monter la température du globe. Pour moins souffrir de la chaleur, on augmente la température. C'est une inégalité supplémentaire entre les favorisés et les autres.

Le rendement énergétique des climatiseurs a augmenté de 70 % en cinquante ans. Cela a diminué leur coût et donc élargi le marché : comme leur nombre a augmenté, la consommation globale a crû. Cette contradiction entre le but recherché et le résultat obtenu constitue une application du paradoxe énoncé voici plus de deux siècles par William Stanley Jevons: le fait d'utiliser des machines économes en énergie n'amène pas à une baisse de la consommation de celle-ci, mais il entraîne au contraire l'utilisation de davantage de machines, qui accroissent la consommation d'énergie.

Il en fut ainsi dans le transport aérien: les émissions de gaz à effet de serre par passager ont été divisées par cinq depuis les années soixante du fait de l'amélioration des moteurs, d'où la réduction du coût des voyages, mais dans le même temps le nombre de passagers a été multiplié par cinquante. On consomme donc dix fois plus d'énergie dans l'aviation: une pollution globale décuplée à cause des progrès techniques. Ils ont permis la démocratisation de ce service au détriment de l'environnement.

Pour ceux qui croient que la technologie pourrait sauver l'humanité de la révolution climatique installée, ces exemples incarnent une illustration de l'inverse. Les solutions alternatives réellement écologiques aux climatiseurs actuels sont celles qui s'affranchissent de la technologie du climatiseur et qui seront développées au chapitre VIII: isolation des bâtiments, façades blanches, doubles ou triples vitrages avec volets, circulation d'air, utilisation de la fraîcheur du sous-sol, végétalisation des environs, utilisation d'un simple ventilateur.

Les limites de la technique

Cette exigence de sobriété est d'autant plus fondée qu'aucun progrès technique majeur bénéficiant de façon indiscutable à l'environnement n'a été atteint depuis un demi-siècle. Bien que le nucléaire civil ait plus de cinquante ans et qu'il soit une source d'énergie décarbonée, il produit des déchets dangereux, que l'on ne sait où entreposer, et il a provoqué des désastres écologiques et humains toujours menaçants. La fusion nucléaire n'est pas opérationnelle et ne le sera peut-être jamais.

Le solaire et l'éolien, qui sont les solutions définitives, ne couvrent encore qu'une faible part de la consommation mondiale parce qu'ils se heurtent tantôt à l'inertie des gouvernements, tantôt à l'opposition des populations. La part du solaire, éolien, géothermie est passée de 0,1% à 2,2% en quarante ans.

Ce n'est pas une fatalité: certains pays produisent une fraction importante de leur électricité avec des éoliennes, tels l'Irlande (30,3 %) et le Danemark (48.6 %). En Autriche, 1374 éoliennes sont en service pour 37 en Suisse : les deux pays sont cependant semblables aussi bien pour la topographie que pour les institutions ; la différence est le pouvoir populaire en Suisse qui dispose d'un droit de recours contre des décisions politiques au point de les paralyser. Il ne sert à rien de disposer d'une solution technique si elle est refusée par le peuple.

À l'inverse d'une croyance persistante, n'importe quelle technologie ne sauvera pas magiquement l'humanité de la catastrophe écologique annoncée. Bien au contraire, lorsqu'elle en est la cause. Les gains d'efficience qu'elle connaît sont des accélérateurs de consommation, donc de pollution et de déchets liés à tout le cycle des produits : fabrication, usage, fin de vie.

Personne ne viendra préserver l'humanité, engoncée dans une logique de productivité qui entraîne une consommation accrue du fait de cet effet rebond. La consommation mondiale d'énergie primaire a été multipliée par deux depuis 1979 et doublera encore d'ici 2050 en dépit des gains d'efficience énergétiques, plus ambigus qu'on le pense.

La composante démographique

Simultanément, la population mondiale a triplé en passant de 2,5 à 7,5 milliards entre 1950 et 2020. C'est donc aussi sur le nombre de consommateurs qu'il faut agir. Ces deux impératifs, consommation et population, dessinent l'implacable prescription de l'écologie où, pour sauver la planète et préserver les écosystèmes, un inévitable arbitrage est à opérer entre la hausse de la consommation et celle de la démographie humaine.

On peut admettre l'une ou l'autre, mais pas les deux comme c'est le cas actuellement avec des conséquences environnementales funestes, dont on subit désormais les effets concrets. Ce n'est vraiment pas le moment de créer le nouveau marché de la climatisation de masse.

Le problème global

On pourrait parler de bien d'autres gaspillages d'énergie et de causes du dérèglement climatique : le canon à neige, la piscine privée, l'eau en bouteille, le paquebot géant, le voyage aérien de masse, les réseaux sociaux numériques. Mais le cas du climatiseur est le plus représentatif, car il aggrave le problème qu'il prétend résoudre, il dissimule sa véritable nature et, surtout, il dispense d'appliquer les mesures les plus évidentes et les plus nécessaires, qui sont disponibles.

Si celles-ci ne sont pas prises à temps, les gouvernants, contraints et forcés, recourront tôt ou tard à l'interdiction d'employer la climatisation au moment où elle serait la plus nécessaire. Tout comme ils ont encouragé le chauffage électrique pour ensuite l'interdire.

Le projet de ce livre est de montrer qu'il existe une alternative entre le recours sans frein à une technique qui aboutit à une impasse et des solutions plus prudentes et plus durables. Pour bien les justifier, il faut commencer par comprendre le fonctionnement du climatiseur et découvrir une solution évidente : comment climatiser sans climatiseur.

II

Un cycle à tout faire

Une bouilloire électrique, une plaque de cuisson, un radiateur transforment l'énergie électrique en chaleur simplement par dissipation sur une résistance. Nous y sommes habitués. La même électricité peut produire du froid, mais c'est un peu plus compliqué.

Un climatiseur est une boîte métallique opaque qui produit du froid. Il vaut la peine de consulter ses entrailles, parce qu'il fonctionne sur le même principe que le frigo ou la pompe à chaleur. Ces trois machines pompent des calories dans un milieu à basse température pour les restituer dans un autre milieu à température plus élevée. C'est la même chose de créer du froid ou du chaud pourvu que l'on dispose d'énergie qui est le facteur déterminant. On peut donc suspecter d'ores et déjà qu'il n'est pas besoin d'acquérir un climatiseur si l'on s'équipe d'une pompe à chaleur.

Ces trois applications utilisent le même cycle thermodynamique qui abaisse la température d'un milieu froid et simultanément augmente la température d'un autre milieu chaud au moyen d'une dépense d'énergie mécanique. Le climatiseur et le frigo visent la production de froid et la pompe à chaleur l'inverse. Mais il est clair d'entrée de jeu qu'en inversant sa fonction cette dernière peut aussi produire du froid. C'est la première des évidences pour remplacer le climatiseur. C'est une solution intelligente qui nécessite qu'on en tienne compte lors de l'achat de la pompe à chaleur.

Le cycle frigorifique

Pour réaliser un circuit frigorifique, il faut un fluide dit frigorigène, tantôt liquide tantôt gazeux, circulant en boucle fermée à travers quatre dispositifs :

1. Un compresseur, dont le rôle est d'accroître la pression du fluide, dont la température augmente de ce fait, par exemple de 45° à 90°C et le met à l'état gazeux. Si vous doutez que la compression augmente la température, gonflez un pneu avec une pompe et tâtez celle-ci après l'opération, elle a chauffé parce que le gaz lui a transmis sa

chaleur. On comprend en même temps que la détente d'un gaz le refroidit.

2. Un condenseur où le fluide chaud cède son énergie au milieu que l'on chauffe. En baissant de température, il redevient liquide, par exemple à 45 °C.

3. Un détendeur, réducteur de pression par exemple de 12 à 2 Bars, un simple étranglement de la conduite, qui permet d'abaisser la température par exemple à -3 °C du fluide.

4. Un évaporateur où le liquide frigorigène s'évapore en prenant l'énergie nécessaire au milieu que l'on veut refroidir pour atteindre à nouveau 45 °C.

Après être passé dans l'évaporateur, le fluide frigorigène revient au compresseur et le cycle frigorifique recommence.

Le condenseur et l'évaporateur sont des échangeurs de chaleur où les deux fluides circulent dans des circuits séparés, en contact pour réaliser le transfert de chaleur. Par exemple deux tubes concentriques.

Trois fonctions possibles

Dans le climatiseur, le but est de produire du froid qui est injecté dans le local par un ventilateur projetant l'air chaud de l'extérieur sur l'évaporateur où il se refroidit.

Dans le réfrigérateur, le but est identique mais le liquide refroidi circule dans une armoire fermée tandis que la chaleur extraite de celle-ci est rejetée dans la cuisine.

Dans la pompe à chaleur, l'énergie à basse température est captée par l'évaporateur dans l'atmosphère, le sol ou un cours d'eau et le condenseur sert à transmettre la chaleur à haute température au bâtiment que l'on veut chauffer.

Il doit être clair que, dans un climatiseur, on n'a rien pour rien et que la consommation d'énergie, ici électrique, est indispensable. C'est l'application pratique d'un principe fondamental de la physique : il est impossible de créer ou de détruire de l'énergie. Tout ce que l'on peut faire c'est changer son niveau de température. La chaleur désagréable dans un bâtiment ne peut être annihilée, mais elle est clairement rejetée à l'extérieur.

Exactement comme un plat chaud que l'on place à la légère dans un réfrigérateur. Pour le refroidir, il faut gaspiller de l'électricité dans le compresseur. Toute la chaleur du plat augmentée de l'électricité, gaspillée et dégradée en chaleur, se retrouvera inévitablement dans l'atmosphère de la cuisine.

L'invention

Pendant les siècles antérieurs, la conservation des aliments reposait sur la salaison, le fumage ou la dessication. La seule source de froid fut la glace des lacs, collectée en hiver et enfouie dans des caves pour subsister en été, un produit de luxe transporté du Jura à Paris.

L'invention du cycle frigorifique fut très utile pour conserver les aliments et elle suscite toujours une concurrence entre de multiples inventeurs prétendus: Jacob Perkins en 1834 pour les États-Unis, Ferdinand Carré ou Charles Tellier en 1859 pour la France, Carl von Linde en 1876 pour l'Allemagne. La première climatisation date de 1902 aux États-Unis. C'est seulement en 1911 que General Electric commercialisa largement, sous la marque Frigidaire, le premier réfrigérateur, puisqu'il dépendait pour fonctionner de la distribution de l'énergie électrique dans les ménages.

Installations mobiles et fixes du climatiseur

L'installation mobile se place dans la pièce à rafraîchir et rejette la chaleur à l'extérieur par un tuyau sortant par une fenêtre entrouverte. C'est son point faible, car de la chaleur extérieure entre par cette fenêtre. Solution à la fois bon marché, instantanée et gaspilleuse d'électricité.

Les unités fixes sont plus performantes que les unités mobiles. La partie condensation avec le compresseur est fixée sur le mur extérieur ; l'évaporateur et le ventilateur à l'intérieur. Ce climatiseur est plus économe en consommation d'électricité, parce qu'il fonctionne avec les fenêtres fermées. Cependant, il est soumis à autorisation de la commune parce qu'une partie de l'installation est fixée à l'extérieur, ce qui modifie la façade. Ce n'est donc pas une solution instantanée à un problème pressant.

Variante intéressante

Le climatiseur n'est pas la seule réponse appropriée. Comme mentionné, il existe la solution de se servir du système de chauffage par pompe à chaleur existant pour rafraîchir. On utilise deux méthodes : le refroidissement passif et le refroidissement actif.

Dans le cas du refroidissement passif, seule une faible quantité d'énergie est utilisée puisque l'on puise dans le réservoir de fraîcheur du sol pour abaisser la température de l'immeuble. Une pompe de circulation permet à l'eau froide de couler dans le circuit qui sert normalement au chauffage, c'est-à-dire les radiateurs. On refroidit ainsi l'immeuble sans injecter un air desséché. Ce faisant, le refroidissement passif utilise une quantité de courant très faible: le compresseur ne fonctionne pas, seule la pompe de circulation est active.

Le refroidissement actif inverse le fonctionnement de la pompe à chaleur pour produire de l'eau froide injectée dans les radiateurs servant en hiver au chauffage. Ici, la pompe à chaleur fonctionne. Elle extrait la chaleur du bâtiment pour la rendre à l'environnement. La méthode active génère une plus grande puissance frigorifique. La plupart des modèles de pompes à chaleur sont équipés pour le refroidissement actif.

L'avantage majeur de ces utilisations de la pompe à chaleur est d'éviter la production d'un air glacé et desséché. Mais on n'échappe pas à plus ou moins de consommation d'énergie.

Le réfrigérateur à absorption

On serait incomplet en ne mentionnant pas le réfrigérateur à absorption qui utilise une source de chaleur pour faire tourner son cycle, permettant de produire du froid. L'absorption remplace la compression. Il est utilisé lorsque l'électricité n'est pas disponible, par exemple dans une caravane, ou lorsque l'on dispose d'une source de chaleur gratuite comme un fort ensoleillement.

Le paradoxe évoqué plus haut est frappant puisque c'est la chaleur qui produit le froid. Cela démontre encore davantage que, pour fabriquer du froid, il faut de toute façon dépenser de l'énergie.

Ainsi la climatisation est étroitement liée à la consommation d'énergie, généralement d'électricité, qui constitue le facteur déterminant et problématique, dont l'examen s'impose avant d'aller plus loin.

Une technique neutre

En soi, ce cycle thermique est parfaitement neutre. Il serait absurde de le diaboliser. Il est indispensable dans un frigo pour conserver la nourriture dans de bonnes conditions. Il constitue une utilisation intelligente de l'électricité pour produire de la chaleur: un chauffage électrique direct transforme lourdement 1kW électrique en 1 kW thermique, tandis que le même kilowatt dans une pompe à chaleur peut devenir 4kW thermique.

Un climatiseur n'est donc pas inutile ou nocif pour une raison technique intrinsèque, mais surtout à cause du contexte dans lequel il s'insère : son acquisition est absolument inutile pour tous les logements de plus en plus nombreux qui s'équipent de pompes à chaleur ; un climat devenu instable par la faute de la consommation de combustibles fossiles ; une augmentation de la consommation d'électricité qui essaie de pallier la dérive climatique mais qui suscite des pénuries de production. Dans la suite, ce contexte sera donc explicitement décrit, car il est déterminant.

Au terme de ce deuxième chapitre, nous avons déjà dégagé une solution de remplacement, valable pour tous les bâtiments équipés d'une pompe à chaleur : en mode passif, elle consomme beaucoup moins d'énergie et évite la projection d'air desséché.

Nous allons maintenant découvrir l'état d'urgence à la fois énergétique et climatique, intimement liés, qui prohibe absolument l'idée d'ajouter un marché des climatiseurs à une situation déjà trop tendue. Si un propriétaire d'immeuble a la ressource nécessaire pour investir, la priorité va à l'isolation, les cellules photovoltaïques, le remplacement du mazout par une pompe à chaleur : le climatiseur constitue un gaspillage.

III

L'impasse croissante de l'énergie

Sans électricité, pas de climatiseur. Il ne sert à rien de fabriquer, de vendre, d'installer le climatiseur comme un équipement ménager de base, au même titre que le frigidaire, la machine à laver et l'ordinateur, si l'on crée ainsi un pic de consommation, lors du midi caniculaire, au point de susciter des coupures de courant spontanées ou planifiées. Puisque le climatiseur n'est pas une partie de la solution, cela indique qu'il est une composante du problème.

Si nous n'étions pas confrontés au réchauffement du climat, il n'y aurait aucune objection à accepter quelques ventes de climatiseurs, même là où cela représente une solution de facilité, tant que cela ne suscite pas une impasse énergétique. Si nous disposions largement d'une source d'énergie non polluante, le problème serait aussi résolu. Si l'évolution de la technique ne créait pas une impasse énergétique, la climatisation ne serait qu'un sujet marginal.

Dans la conjoncture actuelle, c'est-à-dire une production croissante de CO_2, un réchauffement accéléré de la planète, l'incapacité politique de mettre en œuvre l'énergie renouvelable, on peut décrire le système technique comme étant aux soins palliatifs : on n'essaie plus de le guérir mais on lui assure une fin de vie dans l'égarement le plus total : se prémunir de la chaleur en la générant.

La consommation ménagère d'énergie

Dans beaucoup de pays développés, au moins les trois quarts de l'énergie consommée sont d'origine fossile, pétrole, gaz ou uranium. Les ménages interviennent pour un tiers de l'énergie consommée, les transports pour autant, l'industrie, les services, l'artisanat et l'agriculture pour le reste.

Il existe des normes exigeantes d'isolation à appliquer dès la construction d'un bâtiment. Ces normes ne signifient pas seulement une couche d'isolation supplémentaire mais l'adjonction de capteurs solaires, une ventilation bien étudiée, une conception intégrée de l'ensemble du bâtiment et des systèmes incorporés, par exemple pour la production d'eau chaude sanitaire.

Cette solution renchérit le coût de construction d'une dizaine de pourcents, mais elle permet en hiver une économie dans les coûts du chauffage telle que sur vingt ans ce logement coûte moins cher. Il ne s'agit donc pas d'une dépense gratuite effectuée en fonction de l'idéologie écologiste, mais d'une démarche rationnelle, visant à se loger au moindre coût.

Les ménages constituent un secteur étourdi. Trois quarts de l'énergie qu'ils consomment servent au chauffage et à la production de l'eau chaude. Les installations sont souvent sommaires, aussi économiques à l'achat que dispendieuses en fonctionnement. Il ne faut pas négliger le potentiel représenté par les appareils de l'équipement ménager : un frigo convenablement isolé coûte plus cher à l'achat, mais le bilan en fin de vie est positif même au point de vue financier. En effet, on n'achète pas un frigo pour ne pas l'utiliser. On doit donc comptabiliser sa consommation sur une dizaine d'années : le frigo le mieux isolé et le plus cher à l'achat se révélera en fin de compte le plus rentable, non seulement en énergie mais même en dépenses. Une application systématique d'améliorations de ce type permettrait de réduire significativement la consommation ménagère d'énergie.

L'impasse des transports

L'autre secteur grand consommateur est constitué par les transports. Trois types de mesures peuvent être mis en œuvre : diminution de l'énergie consommée par chaque voiture, transfert des passagers vers les transports en commun, réduction de la demande de déplacements. Le potentiel est énorme : rien que pour les véhicules individuels, il est techniquement possible de diminuer la consommation d'énergie. Par ailleurs, la moitié des déplacements sont effectués par nécessité dont deux tiers de ceux-ci pour se rendre au travail, un tiers pour les courses des ménages. L'autre moitié correspond à des loisirs, dont il devrait être possible de bénéficier dans l'environnement immédiat du logement.

Il est clair que cette mutation de notre système technique prendra du temps – une ou deux décennies – et qu'elle suppose une modification des mentalités. La révolution technique dépend d'une prise de conscience par chacun et d'un esprit critique partagé par tous.

Il est donc urgent de s'atteler à la tâche, car la situation de l'approvisionnement pétrolier dans dix ou vingt ans sera précaire. Il faut déployer des efforts de communication pour convaincre la population, faute de quoi les mesures indispensables seront impopulaires et inapplicables.

Un premier pas dans la bonne direction peut être actuellement fait par les gouvernements, en refusant de diminuer les taxes sur les carburants fossiles ou le prix de l'électricité. Le renchérissement de ceux-ci incitera à des mesures d'économie, mieux que tous les discours.

Cependant, ce sera aussi un pas vers une société inégalitaire où les plus démunis seront les premiers sanctionnés. Telle fut l'origine de la révolte des gilets jaunes en 2018: en augmentant les taxes sur l'essence, le gouvernement français plaçait les travailleurs dans une situation impossible. La voiture leur servait à rejoindre leur lieu de travail. Si le coût de ce transport augmentait, le pouvoir d'achat pour tout le reste diminuait et devenait insuffisant. Le seul choix qui restait est la réduction de la consommation de nourriture. L'État français n'a surmonté la crise que par une mobilisation policière sans précédent et par la propice survenue de l'épidémie de coronavirus. Mais le feu brûle toujours sous les braises. Les solutions brutales à la crise climatique sont grosses de mise en cause de l'État de droit.

La reconversion du système technique

Les mesures de contrôle du marché restent indispensables. Il faudra de nouvelles réglementations pour l'isolation des bâtiments et pour le rendement des installations domestiques. La vente de voitures à grande consommation sera réduite, surtaxée ou entravée.

Le réseau de transports publics devra être non seulement préservé mais étendu. Il faudra enfin encourager le télétravail à domicile en utilisant les ressources de nouvelles techniques de l'information pour éviter les transports pendulaires de millions d'employés des banlieues vers le centre des métropoles, dans le seul but de s'asseoir devant un ordinateur qui pourrait se trouver à leur domicile.

Si l'on évalue cette vaste reconversion de notre système technique, on arrive à estimer que de l'ordre de la moitié de l'énergie fossile est dissipée en vain, même en Europe: une société à 3kW est possible sans renoncer à l'essentiel du confort.

Le reste devra être compensé par des énergies renouvelables collectées sur le territoire de chaque pays. L'indépendance réelle dépend de cette collecte, tout comme la production d'une portion importante de la nourriture par l'agriculture nationale, largement subventionnée.

Il s'agit d'une mutation difficile, mais techniquement réalisable. L'abandon définitif des sources non renouvelables, fossiles et uranium, par la diminution de la consommation est un projet sociétal laborieux et lent, mais il n'est pas chimérique. Le futur l'imposera de toute façon. Il faut s'y préparer et ne pas gaspiller les ressources dans la fausse solution de la climatisation. Un achat massif de climatiseurs compliquerait une situation déjà tendue: il est à bannir pour cette raison.

Origine d'une pénurie

La pénurie d'énergie est une des menaces latentes sur notre système technique. On se souvient que le renchérissement inévitable du pétrole voici un demi-siècle ne fut cependant pas prévu à temps et désarçonna les gouvernants.

En 1970, le prix du baril était à 1,8 dollar. Le premier choc débute en 1974 à la suite de l'embargo de l'OPEP après la guerre du Kippour, du déclin de la production de pétrole des États-Unis et de l'abandon des accords de Bretton Woods qui a pour effet une forte dévalorisation du dollar et donc des cours du pétrole libellés en dollars. La période de doublement du prix du baril fut parfois de l'ordre d'une année. Depuis 1970, en un demi-siècle, ce prix a été multiplié par 45, soit 83 dollars actuellement. Il n'a plus rien à voir avec le coût de l'extraction mais il constitue une rente de situation pour quelques pays, dont la Russie qui finance ainsi ses pulsions guerrières.

L'Agence internationale de l'énergie modifie à la hausse ses prévisions de croissance de la demande mondiale de pétrole en 2023, qui s'achemine vers son niveau le plus élevé jamais enregistré, pour atteindre 102,2 millions de barils par jour. Sans attendre, la demande mondiale de pétrole a déjà atteint un record de 103 millions de barils par jour en juin et août qui pourrait connaître un nouveau pic, selon le rapport mensuel de l'agence.

La demande mondiale de pétrole atteint des sommets records, stimulée par les voyages aériens estivaux, l'utilisation accrue de pétrole ou de gaz dans la production d'électricité et la croissance de l'activité économique chinoise. En un mot, on est toujours sur la courbe de la croissance de la consommation, donc de la pollution et d'un réchauffement accéléré.

La consommation d'énergie conditionne une foule d'autres activités. Car il suffit que le prix de l'essence ou de l'électricité augmente pour perturber toute la société dans laquelle nous vivons et réduire le pouvoir d'achat. La nourriture, les transports, les matières premières renchérissent. C'est inévitable, puisqu'il faut de l'énergie pour fournir ces services ou ces produits. Le pouvoir d'achat devient le principal sujet de préoccupation des électeurs.

Le renchérissement de l'énergie peut enclencher une inflation, si un gouvernement compense le recours au pétrole cher, en baissant les taxes sur l'essence ou en indexant les salaires, alors que l'effet normal d'une hausse des prix devrait être une réduction de la consommation. Et comment éviter de le faire quand le gouvernement joue sa survie sur fond d'émeutes ?

Un problème récent

Ce problème d'approvisionnement ne fut pas toujours le nôtre. Non seulement nos ancêtres consommaient très peu d'énergie, mais celle-ci provenait, d'une façon ou d'une autre, exclusivement de l'énergie solaire irradiant notre planète à l'époque. Cette société traditionnelle vivait de son revenu énergétique, sans puiser dans le capital.

Nos aïeux se chauffaient en brûlant du bois ; ils mangeaient des végétaux ou des animaux, cultivés ou élevés dans leur voisinage sans engrais sinon du fumier, sans pesticide, sans tracteur; ils se déplaçaient très peu, toujours à pied, à cheval ou en bateau; leurs vêtements étaient tissés à la main à partir de lin, de coton ou de laine, collectés sur place; ils s'éclairaient avec des chandelles de suif ou de l'huile végétale. Les transports entre régions éloignées ne concernaient que des produits de luxe, de grande valeur sous un volume limité, métaux, ivoire, tissus précieux, épices. C'était une société à 0 kW.

Bien entendu, leur subsistance était précaire. Dans nos contrées jusqu'au XVIIIe siècle, il y eut des famines récurrentes toutes les décennies, parce que le rendement des terres était faible et que le transport de grain sur de longues distances par terre était impossible. Une mauvaise récolte, due à des intempéries, conduisait le quart d'une région au cimetière durant l'hiver suivant.

L'économie agricole, qui date de dix millénaires, possédait ses propres mécanismes d'ajustement démographique à court terme: si la population dépassait la limite assurée par les ressources, la famine, la guerre et la peste se chargeaient de la ramener à un niveau adéquat. Du Ier au XVIIIe siècle avant l'ère industrielle, la population de la planète n'a crû que de quelques centaines de millions à un milliard. En revanche, durant le seul XXe siècle, elle a triplé. Elle dépasse aujourd'hui 7,5 milliards parce que l'on a puisé dans le capital d'énergie.

Il n'est pas évident que la population actuelle puisse survivre en se satisfaisant du revenu en ressources de la planète. On ne peut exclure que l'ajustement de la population aux ressources s'opère plus tard par les méthodes traditionnelles: épidémie, famine, guerre. On peut même se demander si le mécanisme n'est pas déjà enclenché avec le Covid. Si cela avait été le virus Ebola avec un taux de mortalité de 60 à 90%, le présent problème démographique eût été résolu.

Consommation d'énergie et confort

Dès le XIIIe siècle, le charbon a commencé à être extrait en Angleterre; le pétrole a été exploité aux États-Unis durant la seconde moitié du XIXe siècle. Depuis, la révolution industrielle a généralisé la consommation de l'énergie fossile, en puisant dans les réserves de la planète.

Actuellement, un consommateur aux États-Unis utilise en permanence 12 kilowatts, c'est-à-dire que sa consommation globale peut être figurée par 120 ampoules de 100 Watts brûlant perpétuellement, pour représenter la totalité de l'essence, du mazout, de l'électricité, de l'énergie grise contenue dans l'alimentation et les objets qu'il utilise. Y compris la climatisation devenue un standard. Est-ce le moment de l'augmenter à ce niveau dans les autres pays ?

La consommation d'un Européen se situe à peu près à 6kW. Comment est-ce possible de se satisfaire de la moitié de ce qui paraît indispensable pour un Américain ? Parce qu'aux États-Unis, les maisons sont mal isolées, les voitures plus puissantes, les déplacements en avion plus fréquents, la production et la distribution d'aliments plus industrialisées, la climatisation universelle et, surtout, le pétrole moins taxé qu'en Europe. Le réseau ferroviaire comporte des lacunes. Très souvent il n'y a pas le choix par rapport à la voiture ou à l'avion pour effectuer un voyage.

Le gaspillage

Bien que le consommateur américain jouisse d'un pouvoir d'achat qui est supérieur à son homologue européen, il est mal utilisé, si l'on observe la qualité de son logement, de sa nourriture, des soins de santé, de l'enseignement et du vêtement. L'énergie supplémentaire qu'il consomme est dissipée dans une large mesure par suite de l'inefficacité du système, sans bénéfice pour quiconque, sauf celui qui fait commerce de l'énergie. Ce gaspillage est une des raisons qui entraînèrent ce pays dans la guerre d'Irak déclenchée par nécessité énergétique et justifiée par des allégations mensongères. Il abandonne aussi le pouvoir de fixer le prix du pétrole à deux pouvoirs autocrates, l'Arabie saoudite et la Russie.

L'énergie ne garantit pas le confort

Cette comparaison mène à une première considération : l'objectif d'une société ne peut être d'augmenter sa consommation d'énergie pour améliorer son confort et assurer une croissance obligatoire, car celle-ci peut s'avérer d'abord inefficace et puis même précaire. Le but premier d'une société est de garantir sa survie, c'est-à-dire de vivre selon ses moyens, ni plus ni moins. Si la multiplication des climatiseurs engendre une pénurie d'énergie et des conflits sociaux, elle s'inscrit à l'encontre de la survie.

Quelles sont les dimensions de cette pénurie de l'énergie ? Pourquoi surgit-elle subitement ?

La dimension géologique

Il existe une différence essentielle entre ressources renouvelables ou non, à vues humaines cela s'entend. Le renouvelable est le solaire (hydraulique, éolien, photovoltaïque), les marées et la géothermie.

Le solaire recueille l'énergie incidente sur notre planète ; les marées proviennent de l'attraction exercée par la Lune sur les océans, c'est-à-dire de la rotation de la Terre sur son axe, qui est une forme d'énergie cinétique emmagasinée dans la masse de notre planète et qui entraînent forcément un ralentissement de l'ordre d'une seconde par an ; la géothermie permet de récupérer la chaleur stockée dans le noyau central de cette planète.

À vrai dire, ces trois énergies ne sont pas inépuisables à l'échelle cosmique, mais elles peuvent nous servir pendant des centaines de millénaires, c'est-à-dire bien plus que la durée prévisible de notre espèce. Pour simplifier, on les considère donc comme renouvelables.

Tout le reste est non renouvelable : que ce soit le capital énergétique initial de nature nucléaire (uranium, thorium) stocké dans la croûte terrestre ou que ce soit l'énergie solaire accumulée sur Terre durant des millions d'années. Le charbon provient de la dégradation des végétaux ; le pétrole et le gaz de celle du plancton des océans. Ces êtres vivants se sont développés jadis en captant de l'énergie solaire. C'est un capital d'énergie solaire accumulé sur des millions d'années en stockant le revenu, comme dans une entreprise bénéficiaire qui effectue des réserves durant son fonctionnement pour engranger un capital.

Deux préjugés tenaces

Éliminons tout de suite deux préjugés, radicalement faux et très dangereux, qui polluent toujours le débat pour tenter d'y échapper à bon compte, c'est-à-dire pour s'aveugler sur le danger que nous courons déjà et que la multiplication des climatiseurs aggraverait.

Premier préjugé : il n'y aurait pas vraiment de problème d'approvisionnement en énergie. La technique trouvera toujours des solutions pour extraire davantage de pétrole, pour construire des centrales nucléaires absolument sûres, pour inventer des sources encore inconnues comme la fission ou l'hydrogène. Il suffirait que le prix des sources traditionnelles augmente pour que de nouvelles sources deviennent rentables. L'approvisionnement en énergie serait ainsi un non-problème. Les mécanismes du marché se chargeraient de trouver des solutions à un problème transitoire de pénurie. C'est là l'illusion technique du mythe d'une société libérale, pérenne par définition.

Or c'est faux. Quelque part dans le sous-sol réside un dernier baril de pétrole. Pas le dernier baril de pétrole qu'il est possible d'extraire matériellement, ni le dernier baril qui rapportera plus d'argent qu'il n'en a coûté. Le véritable dernier baril est celui qui dégradera autant d'énergie pour être extrait qu'il en apportera dans notre système technique. Bien que cela n'ait pas de sens au point de vue technique, ce baril sera néanmoins extrait, sans doute par ignorance. Mais au point de vue énergétique, ce baril-là est bien le dernier qu'il faille pomper. Le même raisonnement s'applique au gaz naturel ou à l'uranium. Il existe donc une limite naturelle à l'exploitation des ressources non renouvelables, mais on n'en parle jamais, on ne veut pas savoir que l'on mange un capital que l'on prend pour un revenu.

On ne sait pas exactement quand cette limite sera atteinte, mais on ne peut pas agir comme si elle n'existait pas ou comme si elle ne sera atteinte que dans un avenir tellement lointain que cela ne vaut pas la peine de s'en préoccuper. Peu importe que le capital puisse couvrir les dépenses courantes pendant quelques décennies ou même un siècle.

En bout de course, la planète devra de toute façon vivre sur son revenu énergétique. Au plus tôt on s'organisera pour fonctionner selon cette règle, au moins on courra le risque d'une crise majeure imposant cette mutation dans l'improvisation, le désordre et le conflit.

Second préjugé: il serait impossible de récupérer l'énergie solaire, géothermique ou marémotrice, qui est diffuse par nature et qui reviendrait trop cher à exploiter. Tout au plus peut-on lancer quelques projets symboliques pour apaiser l'impatience des écologistes. Les énergies renouvelables seraient ainsi une non-solution.

C'est vrai et c'est faux à la fois: récolter une énergie diffuse coûte plus d'effort que de puiser dans le capital solaire concentré pendant des millions d'années dans le pétrole, le charbon ou le gaz, mais c'est la seule solution à long terme pour procurer toujours de l'énergie. Il faudra recourir simultanément à plusieurs méthodes de captage et ce sera donc plus compliqué que de puiser seulement dans la réserve de pétrole. Il faut plus d'imagination pour percevoir un revenu que pour puiser dans un compte en banque.

Dès maintenant le coût de l'énergie solaire se situe en dessous de celui de l'énergie nucléaire et l'investissement en installations est largement inférieur à celui tellement dispendieux d'une centrale. Si l'on construit une tranche de 1000 MW, le coût sera de 4000 euros par kW, comparé à quelques centaines d'euros pour un panneau solaire de 1kW. Et cependant certains gouvernements, dont celui de la France, s'obstinent à prolonger le nucléaire. L'énergie nucléaire n'a jamais été conçue pour vendre de l'électricité, mais pour développer des armes nucléaires.

Supposons que la Planète Terre soit une société anonyme, une entreprise singulière pour laquelle la finance est remplacée par l'énergie. Son capital est composé de charbon, gaz naturel, pétrole, uranium. Son revenu est représenté par les énergies renouvelables. Les dépenses annuelles, total de la consommation par l'espèce humaine, ne représentent que 1% du revenu : l'entreprise est donc théoriquement saine. Cependant, ces dépenses sont en fait couvertes à 95% en puisant dans le capital, parce que les créances solaires ne sont pas récupérées.

On ne sait pas combien de temps le capital permettra de couvrir les dépenses, longtemps sans doute mais pas indéfiniment. Combien de petites entreprises dans la vie réelle n'ont-elles pas fait faillite au bout de deux ou trois générations, parce que le capital accumulé par les fondateurs avait été dissipé par des héritiers négligents ? L'essor du climatiseur est l'indice le plus révélateur d'un tel aveuglément.

La dimension géopolitique

Les ressources en énergie, renouvelables ou non, ne sont pas également réparties entre les pays. Or, l'histoire des hommes est faite de conflits entre tribus ou nations pour accaparer des ressources quand elles sont devenues rares : jadis le gibier, les troupeaux, les terres arables, l'eau, les forêts ; aujourd'hui le pétrole, les terres rares et l'uranium.

Durant la seconde moitié du xxe siècle, la domination militaire, politique, économique des États-Unis se nourrissait d'une obsession de nature idéologique : la montée du communisme perçu comme la négation du capitalisme, de la démocratie, des libertés individuelles, de la société d'abondance. La plus puissante des démocraties s'est constituée comme empire en luttant contre toutes les tentatives d'imposer le communisme dans le monde libre.

Cette lutte a été gagnée en 1989 par la chute du Mur de Berlin. Elle a été remplacée aussitôt par une nouvelle obsession des États-Unis : le manque d'énergie, comme si la victoire idéologique du capitalisme n'avait été que subalterne, alors que cet autre conflit sur l'énergie, bien plus fondamental, avait été dissimulé par la guerre froide de 1945 à 1988. Dès que la menace d'une guerre déclarée entre Russie et États-Unis fut écartée, il advint que ces deux pays s'investirent dans des conflits de type colonial en Libye ou Irak pour assurer l'approvisionnement en pétrole et gaz.

Les anciens pays communistes, convertis au capitalisme, commencèrent à déployer une croissance accélérée et à puiser dans les ressources non renouvelables. Des pays sobres, comme la Chine ou l'Inde, devinrent de gros consommateurs.

En devenant dominant, le système économique a révélé la faille de l'idéologie fondée sur la croissance : une économie ne peut pas indéfiniment croître sur toute la planète parce qu'elle finit par rencontrer les limites physiques à son augmentation, c'est-à-dire à sa raison d'être, à son idéologie, à sa séduction. Aussi longtemps que le communisme maintenait la moitié de la planète dans une économie de pénurie, il était possible à l'autre moitié de développer une économie d'abondance. La guerre froide représentait une sorte d'équilibre, certes pénible et injuste, mais stable.

Les avertissements n'ont cependant pas manqué. Dès 1968, le Club de Rome a alerté l'opinion publique avec son rapport sur les limites de la croissance, qui fut discrédité par les sarcasmes unanimes des esprits éclairés : le concept même de ressources non renouvelables fut considéré comme ridicule. Et cependant, cinq ans plus tard s'est produit le premier choc pétrolier.

Aujourd'hui, l'étincelle qui pourrait mettre le feu aux poudres est toujours l'accès au pétrole. Les guerres larvées d'Irak en furent le révélateur. L'Afrique, la mer Caspienne et l'Asie centrale prennent une importance géopolitique à proportion de leurs ressources en énergie fossile. La Russie regagne, sinon une importance mondiale, du moins une visibilité parce qu'elle contrôle la production et le transport d'une part importante de l'énergie, dont dépendait l'Europe, au point qu'elle a financé la guerre ukrainienne.

Le trafic maritime fut multiplié par quatre en quatre décennies : il concerne 90 % des marchandises et 60 % du pétrole. Pour assurer la sécurité d'approvisionnements vitaux, les nations développées doivent maintenir ou recréer une flotte militaire, qui consomme des ressources et qui nécessite des bases navales sur tous les continents.

De même, les pays démocratiques doivent ménager leurs relations diplomatiques avec des régimes féodaux, corrompus et instables, leur fournir des armes et des instructeurs, voire y projeter des forces militaires, comme la France au Sahel. Les foyers d'incendie se multiplient dans le monde, parce que les pays producteurs de matières premières n'ont souvent aucune structure politique solide et que des conflits locaux dégénèrent en guerres civiles, qui se propagent sur la scène internationale. Toute pénurie dégénère en conflit.

La dimension climatique de l'énergie

Lorsqu'ils sont brûlés, les produits pétroliers et le charbon produisent du CO_2 : le phénomène de combustion consiste précisément en ce que le carbone se combine avec l'oxygène de l'air pour former un gaz et que cette réaction dégage de la chaleur. La teneur de ce gaz dans l'atmosphère a augmenté continuellement depuis le milieu du XIXe siècle.

Cela signifie que sa production dépasse les capacités d'absorption de l'écosystème : les océans en absorbent une partie, les plantes aussi durant leur croissance. Toutefois, nous avons mis en place un système industriel, qui dépasse les capacités de recyclage de la nature. Le phénomène peut du reste devenir cumulatif : si la température des océans augmente ou si les forêts sont détruites, l'absorption naturelle du CO_2 diminue encore davantage. Si le permafrost dégèle, il relâche du méthane, gaz à effet de serre en plus du CO_2.

Cette mutation de la planète n'a du reste rien d'étonnant. Voici plusieurs milliards d'années, la Terre possédait une atmosphère riche en CO_2, qui captait beaucoup de chaleur solaire et qui entretenait une vie végétale exubérante. La teneur en CO_2 a ensuite diminué par captation du carbone dans les plantes terrestres et le plancton des océans, tandis que la teneur en oxygène de l'atmosphère augmentait. Ces végétaux, en se dégradant dans les couches géologiques et en devenant du charbon et du pétrole, ont piégé le carbone. Si nous libérons par combustion ce stock de carbone fossile, nous retournons petit à petit vers la situation initiale, nous modifions l'atmosphère et réchauffons la planète.

Comme la consommation de combustibles fossiles est responsable d'un effet de serre, elle est la cause la plus probable du changement climatique qui surgit actuellement. Ce fait aurait pu être pris en compte dès le début de l'ère industrielle. Cependant, il n'y a qu'une décennie que l'on reconnaît que le climat change et que l'homme en est responsable.

Il demeure des fractions de l'opinion publique et des décideurs qui n'en sont toujours pas convaincus. C'est une application de la règle énoncée plus haut : de même qu'ils ne réfléchissent gère à leur propre décès individuel, les hommes ne veulent pas savoir que leur civilisation est mortelle et encore moins qu'ils organisent sa mort prématurée.

Le nucléaire comme faux-fuyant

Que représente l'invocation rituelle du nucléaire dans cette conjoncture sinon une illusion technique supplémentaire, car les ressources en uranium ne sont pas plus extensibles à l'infini que celles de pétrole ? Il ne représente même qu'une rallonge par rapport aux combustibles fossiles. Pour l'instant il fournit 10% de l'électricité au niveau mondial, mais 70% de celle de la France, qui a fait un choix tout à fait particulier. L'Allemagne et la Suisse y ont renoncé en principe, mais vacillent dans leur détermination. Cette situation contrastée est l'indice d'une décision bien moins technique que politique, bien moins rationnelle que chimérique.

Au fur et à mesure du renchérissement du pétrole, les producteurs d'uranium alignent leur prix vers le haut. Il n'y a que six pays producteurs : il leur est donc facile d'organiser une entente sur les prix, voire d'exercer un chantage sur les pays consommateurs en cas de pénurie.

Il en est de même des propriétaires, privés ou publics, des barrages produisant de l'énergie hydroélectrique ; bien que l'amortissement des frais de construction et l'exploitation des centrales ne dépendent absolument pas du coût du pétrole, le prix de l'électricité augmente à proportion: nous entrons dans une ère où les producteurs d'énergie jouissent d'une rente de situation.

Ses inconvénients

On peut évidemment plaider la cause de la diversification du fossile en nucléaire. Puisons dans toutes les ressources en capital pour atteindre le plus tard possible la limite physique de leur épuisement. Mais cette fuite dans toutes les directions comporte ses propres inconvénients. Certes les combustibles fossiles présentent le désagrément majeur de préparer des bouleversements climatiques, dont personne ne peut prévoir l'ampleur ou la nature exacte. Cependant le nucléaire ne fait pas exception à cette règle et il ne constitue donc pas une solution miracle à l'impasse actuelle.

D'une part les déchets radioactifs sont inévitables. Où qu'on les enfouisse, ils constituent une pollution qui perdurera sur des centaines de millénaires, c'est-à-dire qu'elle est pratiquement perpétuelle à l'échelle de notre espèce. S'il faut stocker les déchets nucléaires dans un pays démocratique, où la population a son mot à dire, comment trouvera-t-on une commune et une région qui acceptent de prendre en charge cette hypothèque étendue sur l'avenir ? Et pouvons-nous imposer ces déchets à des pays qui ne sont pas démocratiques en corrompant le dictateur local ?

D'autre part, on ne peut pas exclure des accidents majeurs, sauf à développer une technologie radicalement neuve, qui n'existe pas pour l'instant. L'accident de Tchernobyl en 1986 a démontré que les retombées dépassent de loin tout ce que l'on pouvait imaginer et tout ce que peut supporter un pays. Un cinquième de la Biélorussie n'est plus cultivable. Le nombre de morts est inconnu, mais il s'élèvera à plusieurs milliers, voire dizaines de milliers. Le coût de cette catastrophe pour ce pays mange le quart de son budget, parce qu'il faut soigner 2 millions de citoyens empoisonnés par les radiations.

Deux ans après cet accident majeur, le régime soviétique, définitivement déconsidéré, s'est effondré.

C'est jusqu'à présent le plus grand bénéfice du nucléaire, qui s'est effectivement révélé très utile en l'occurrence, si l'on peut risquer cette remarque moins cynique que révélatrice d'une règle générale : une technique non maîtrisée par ceux, qui l'utilisent sans l'avoir développée, détruit la société qui en abuse.

Si l'on transpose ce scénario dans un pays développé, il y a de quoi s'inquiéter. Dans une région densément peuplée, les dégâts seraient tels que le régime politique et l'existence même du pays seraient remis en cause. Le peuple serait ruiné par la perte de tous ses biens et de ses emplois: il connaîtrait la misère pendant des générations. Bien sûr, les centrales des pays développés sont de meilleure qualité que celles du système soviétique, bâclées pour des raisons idéologiques, et le personnel est mieux formé qu'en Russie. Mais il est impossible de garantir qu'il n'y aura jamais d'erreur humaine, de séisme ou d'attentat terroriste. Aussi longtemps que l'on utilise une technologie, où le cœur du réacteur peut fondre, le risque du nucléaire est sérieux. La question est de savoir s'il est prohibitif?

Vraie valeur de zéro fois l'infini

Dans l'argumentation des partisans du nucléaire, survient toujours l'étape où une opération mathématique douteuse masque ce véritable enjeu. D'une part, la probabilité de l'accident est tellement faible qu'elle vaudrait zéro. C'est le recours à l'argument rhétorique de réacteurs de la troisième génération qui seraient infiniment sûrs. D'autre part, le risque couru est certes très grand au point qu'on puisse le considérer comme infini.

Mais en multipliant cet infini par zéro, on laisse entendre que le résultat est zéro. Mathématiquement c'est faux : zéro fois l'infini ne vaut pas zéro. Il y a une vraie valeur au risque couru. Dans la réalité, cette valeur est tellement élevée qu'aucune compagnie d'assurances ne peut la prendre en charge, car l'ordre de grandeur des dégâts peut se mesurer en billions d'euros, davantage que le budget d'un pays. Si les centrales nucléaires étaient assurées de façon réaliste, la charge supplémentaire renchérirait le coût du courant au-delà du supportable.

En 1975, durant le débat lors de la mise en service de la plupart des réacteurs, un rapport dit Rasmussen évaluait le risque de fusion à un accident par réacteur sur vingt mille ans. Ce prétendu calcul ne signifiait strictement rien, puisque l'on multipliait des probabilités évaluées en théorie et non relevées par l'expérience. Les partisans du nucléaire déduisaient de ce calcul hasardeux une conclusion encore plus douteuse : il n'y aurait pas d'accident avant vingt mille ans. C'est un autre habillage mathématique d'un raisonnement débile, que l'on veut accréditer en exhibant un chiffre.

Tchernobyl a démontré, clairement par l'expérience, que cette conclusion était fausse et qu'un calcul des probabilités ne prédit pas le moment où le risque se matérialisera. On est revenu à des estimations plus raisonnables. Selon l'Institut d'écologie de Freiburg en Allemagne, un accident de type Tchernobyl est probable tous les dix ans pour le parc actuel de réacteurs.

La question politique qui se pose à chaque pays développé est dès lors claire. Peut-on courir le risque d'un Tchernobyl, aussi minime soit-il? La réponse est négative. Le jeu ne vaut pas la chandelle. Un pays densément peuplé ne peut pas risquer sa survie pour améliorer son confort. Créer de toutes pièces un marché des climatiseurs en est un exemple.

Il existe une autre voie: celle des énergies renouvelables et des économies. De toute façon, à long terme, c'est la seule solution. Autant l'aménager dès maintenant plutôt que de s'y trouver contraint par une nécessité urgente.

La science déconsidérée

Il existe un danger plus insidieux. Tchernobyl n'a pas seulement abattu l'idole du communisme soviétique. L'accident a aussi déconsidéré la science et la technique en général et alimenté un foyer d'écologisme radical, fermé à toute discussion. Il est devenu pratiquement impossible de débattre sereinement, au parlement ou devant l'opinion publique, d'autres techniques, qui n'ont rien à voir avec le nucléaire et qui pourraient comporter des bénéfices importants sans présenter d'inconvénients.

On pense ici à l'informatique, aux nanotechnologies, aux OGM dans l'agriculture, à la biologie moléculaire, à l'intelligence artificielle et même à la vaccination anti-covid. L'attitude de refus populaire est telle que la gauche parlementaire et parfois même l'extrême droite en font un véritable fonds de commerce électoral. Des prophètes autoproclamés surgissent comme le docteur Raoult ou l'ancien ministre Allègre.

La roulette russe de la sécurité nucléaire

L'opinion politiquement correcte consiste à répéter la bouche en cœur que les centrales peuvent et doivent fonctionner aussi longtemps que leur sécurité est assurée. Et on suppose vaguement que celle-ci diminuant avec le temps peut être restaurée, voire améliorée par des travaux adéquats.

Dans ce débat brouillon, on mélange deux concepts. La sécurité est apparemment la garantie qu'un accident majeur – la fusion du cœur –, ne se produise pas. Or, un tel accident est caractérisé par deux aspects : sa fréquence et son ampleur.

Pour les cinq cents réacteurs en service dans le monde, il y a eu cinq fusions de cœurs : la fréquence d'un accident majeur est donc d'une chance sur cent durant la durée de vie du réacteur.

Et donc, quel que soit l'investissement dans des mesures de sécurité, nous courons un danger insupportable avec un risque non nul de le voir se matérialiser. Les trois accidents majeurs connus (il y en a d'autres, des sous-marins russes coulés) ont été provoqués soit par des erreurs humaines, soit par un phénomène naturel. Rien ne permet d'exclure ces deux facteurs à coups de millions. La conclusion purement technique est aujourd'hui évidente : avec la technologie utilisée il n'aurait pas fallu construire ces centrales.

Maintenant qu'elles le sont, il n'y a rien à faire que d'attendre en croisant les doigts. Un seul accident majeur dans un pays développé créerait à nouveau une panique incontrôlable. Pour les croyants, il y a aussi la possibilité de prier. Mais cela n'entre pas en considération dans l'évaluation technique du danger couru. Le recours au nucléaire s'évertue à repousser une fatalité inéluctable, par l'évocation rituelle d'une énergie absolument sûre qui serait (miraculeusement) inépuisable, bon marché et non polluante. C'est un bon exemple d'illusion technique.

La crise de l'énergie n'est pas une fatalité

En parcourant tous les aspects de cette crise, il apparaît qu'elle n'était pas une fatalité. Si nous en étions restés à la consommation de l'énergie de nos ancêtres, elle ne se serait pas produite. En mettant au point la machine à vapeur au début du XVIIIe siècle, James Watt a changé radicalement le destin des hommes. Pour la première fois du charbon, un stock ancestral d'énergie solaire a été changé en énergie mécanique. Les marchandises ont été transportées d'un bout à l'autre du monde. Le travail des hommes ou des animaux a été allégé et la production démultipliée.

Entre 1950 et 1970, le pouvoir d'achat du salaire moyen a été multiplié par deux en France. Une proportion croissante des ménages a pu acquérir une résidence principale et s'équiper des produits phares de la société de consommation: voiture, réfrigérateur, ordinateur et maintenant climatiseur.

Au cours du XXe siècle, le salaire moyen d'un ouvrier a été multiplié par quatre en monnaie constante. La durée annuelle de son travail a été divisée par deux de sorte que son salaire horaire a été multiplié par huit en monnaie constante. Ce calcul doit être modéré par l'augmentation de la pression fiscale.

Ce pouvoir d'achat a été aussitôt mobilisé pour des usages bien nécessaires dans le logement, la formation, les soins, la sécurité sociale. Une partie en est détournée par l'achat de gadgets inutiles en informatique ou en télécommunications qui développent une pathologie sociale inédite. L'achat d'un climatiseur est l'ultime étape de cette dérive. Le pouvoir d'achat a beau augmenter en réalité, la population assaillie par de nouvelles tentations éprouve à tort le sentiment qu'il diminue. La légitimité des institutions démocratiques en est écornée.

IV

Le climat entre scepticisme et réalité

Il demeure dans l'opinion publique une fraction de climatosceptiques, qu'il faut convaincre que le climatiseur n'est pas la solution à un réchauffement qu'ils subissent et dont ils nient l'origine pour justifier sa vente massive.

Du bon usage de la canicule

Depuis le début de l'ère industrielle, la teneur en CO_2 de l'atmosphère a augmenté d'environ 42 % en 177 ans. Ce gaz est absorbant dans le domaine infrarouge, un fait expérimental indubitable, de sorte qu'il tend à bloquer la réémission vers l'espace de l'énergie thermique reçue au sol sous l'effet du rayonnement solaire. Il n'y a pas plus de doute sur ce phénomène que sur le lever du soleil chaque matin. Telle est la réalité du changement climatique, qui n'est ni un hasard cosmique, ni le résultat d'une campagne de presse, ni le fonds de commerce des Verts.

Or, depuis l'été 2018, les suites du réchauffement climatique dépassent tout ce que l'on avait connu et tout ce que l'on avait prévu. Même si nous cessions instantanément de brûler des combustibles fossiles, on sait que la situation va encore s'aggraver par suite de l'inertie du phénomène. Nous avons vraiment modifié le climat et nous continuons à le faire sans répit. Mais à partir de maintenant nous ne pouvons plus feindre de l'ignorer.

La mutation industrielle à venir créera des emplois dans d'autres secteurs que ceux qui péricliteront, des garagistes deviendront poseurs de cellules photovoltaïques. Il faut donc que le politique mobilise toutes les forces dans cette direction. Mais en démocratie, il faut que le peuple le suive en majorité. La canicule imposée à tous ces dernières années constitue donc une gigantesque opération pédagogique dont il faut se féliciter.

Stabilité naturelle du climat

Dans la nature laissée à elle-même, les émissions volcaniques, la respiration des animaux, la pourriture des végétaux dégagent du CO_2. En revanche, les océans en dissolvent, les plantes en absorbent durant leur croissance.

Durant les derniers milliers d'années, cette teneur n'a guère varié parce que la planète se maintenait dans un état d'équilibre par ces mécanismes naturels. Un faible excès de CO_2 améliore la pousse des végétaux qui en absorbent davantage jusqu'à résorber cet excès.

Cet équilibre peut devenir instable, s'il est ébranlé au-delà d'une certaine limite. La modification peut alors devenir cumulative et le retour à l'équilibre très lent. Nous avons créé un système technique, qui dépasse les capacités de recyclage de la planète. L'équilibre naturel dérive de plus en plus. La pire des illusions est de croire que la technique réparera ses erreurs et qu'une machine, comme le climatiseur, peut effacer les dégâts d'autres machines, le chauffage au fuel ou le moteur à explosion.

Rien ne garantit que la société humaine dans sa configuration actuelle puisse être préservée, rien ne prouve le contraire. Nous sommes dans l'incertitude sur notre avenir. Cette idée est insupportable pour la jeune génération. Dans les pays développés, il existe une tendance à renoncer aux enfants pour ne pas accroître la population. La précédente génération prévoit confusément de disparaître avant que le pire ne se produise. Comme elle est aux affaires, elle n'est pas motivée pour agir.

Le scepticisme climatique

Il y a trois espèces de climatosceptiques.

La première soutient qu'il ne se passe rien d'autre que des fluctuations statistiques de la météo: elle réfute les mesures de la température croissante de la planète en les attribuant à des manipulations de l'opinion publique manigancées par des organes officiels, c'est-à-dire selon elle non crédibles, menteurs, mythomanes. Les partis populistes s'en prennent même aux météorologues qu'ils soupçonnent de fausser leurs mesures et leurs prévisions. Dans cet état d'esprit, il n'y a rien à faire.

La seconde admet que la température augmente mais elle nie que cela puisse être le résultat de l'activité humaine en se référant aux variations antérieures du climat suscitées par des cycles astronomiques. Il n'y a donc non plus rien à faire.

La troisième admet que le réchauffement est dû à l'activité humaine, mais qu'il est supportable, que ses conséquences ne sont pas graves et que lutter contre lui nuirait à l'économie. Il ne faut donc rien faire.

Ces attitudes expliquent la présente insensibilité politique face au défi climatique. Ou bien c'est vrai et il n'y aurait plus rien à faire parce que le peuple n'acceptera jamais les mesures impopulaires. Ou bien c'est faux et il ne faut rien faire non plus. Pour rester les bras croisés avec une bonne conscience, les décideurs se convainquent que ce n'est ni vrai ni faux, dans la zone grise des menaces latentes, des préjugés incertains et de l'avenir imprévisible. Ils réussissent selon les circonstances à passer d'une catégorie de climatosceptiques à une autre au fil de la même intervention.

Dans la pénible réalité, pour limiter la hausse de la température de la Terre à 1,5 °C, il faudrait tout de suite réduire l'émission de CO_2 de 35 milliards de tonnes en 2018 à 10 milliards de tonnes en 2050. Cela signifierait revenir un siècle en arrière, en 1950, mais dans un tout autre contexte, avec une production industrielle multipliée par dix et une population par trois. Quoique ce ne soit pas impossible, cela prendra du temps et ce sera laborieux.

Dans l'état actuel des consciences, cela ne se fera pas, parce que les peuples ne voudront pas diminuer volontairement leur niveau de vie, avant d'y être contraints par l'ampleur des catastrophes. Les partis politiques Verts s'essoufflent et se dispersent dans une multitude d'actions spectaculaires et inefficaces.

Nous ne sommes pas seulement confrontés à un problème technique et économique, qui comporte des solutions bien connues, mais nous affrontons aussi une injonction à modifier notre civilisation. D'où vient-elle ?

D'où venons-nous ?

Notre espèce humaine est l'aboutissement d'une série de défis environnementaux du même ordre que celui du présent, qui furent surmontés chaque fois par le dépassement du système technique existant et par la réforme des institutions sociales et des croyances religieuses. La sanction latente de chacun de ces défis était l'extinction d'une tribu, d'une civilisation ou aujourd'hui celle de l'espèce.

Voici 12 000 ans la population vivait de chasse et de cueillette, aux dépens de ce que l'environnement fournissait. Lorsque des ressources locales eurent tendance à se révéler insuffisantes pour une tribu dont la population croissait, certaines de celles-ci en Anatolie inventèrent l'élevage pour remplacer la chasse et l'agriculture au lieu de la cueillette. Ce fut un bouleversement des habitudes, une mutation sociale et culturelle, la révolution néolithique.

De même aujourd'hui, si nous continuons sur notre lancée, la planète ne pourra plus pourvoir aux besoins de la population actuelle. La crise à venir, la sixième extinction de masse des époques géologiques, exécutera automatiquement le tri des peuples, en sélectionnant les plus aptes à la survie, ceux qui auront à temps adapté leur système technique et modifié leur mentalité. Peut-être aussi ceux qui se seront les mieux armés de drones et de missiles.

Pratiquement, le défi consiste à passer d'une importation et d'un transport de l'énergie sous forme de combustibles fossiles, pétrole et gaz, vers une quasi-autonomie de chaque région par la collecte de l'énergie solaire, géothermique ou marémotrice sous forme d'électricité. Cela signifiera pour un pays accéder à une véritable souveraineté. Refuser ce défi, nier la réalité comme le font les partis populistes au nom d'une souveraineté mythique est contradictoire : un continent comme l'Europe qui dépend existentiellement de l'importation de gaz est en voie de satellisation politique.

Il n'est pas trop tard pour changer de mentalité, mais il est plus que temps. Northcote Parkinson l'avait déjà vu : « Le problème crucial de notre temps est la stagnation des théories politiques à une époque de progrès technologiques. » Celle où Jules Verne fut l'auteur le plus traduit du monde, celle où Lénine proclamait «le communisme, c'est le gouvernement des Soviets et l'électrification de tout le pays.» L'époque du miracle, au sens quasi religieux, de la technique.

Jamais une machine telle le climatiseur n'effacera l'effet d'une autre machine, comme le moteur thermique. Il existe des effets pervers. Lesquels?

V

Les retombées du gaspillage énergétique

Climatiseur et santé

Un climatiseur n'est pas un appareil magique qui diffuserait naturellement un air pur, à la bonne température, sans aucun inconvénient et sans aucune précaution.

La première est l'entretien des filtres. Sur ces derniers se déposent les impuretés présentes dans l'air ambiant. Si le climatiseur se charge de filtrer l'air de ses agents pathogènes, il ne les fait pas disparaître. Il faut ouvrir le capot pour récupérer et nettoyer les filtres. Cela permet d'assurer la circulation d'un air sain dans l'habitat, sans transmission de virus ou d'allergènes stagnants sur des filtres jamais nettoyés.

Durant la période de pandémie Covid, la question de la propagation du coronavirus par les systèmes de climatisation s'est posée. Il n'y a de risque que si les filtres ne sont pas nettoyés.

En 1976, la légionellose est apparue pour la première fois, aux États-Unis. Plusieurs cas d'infections des voies respiratoires furent détectés lors d'un congrès de la Légion américaine, à Philadelphie. Une bactérie, la légionelle, peut infecter le système respiratoire et provoquer des maladies des poumons parfois fatales. Elle aurait circulé par l'air des climatiseurs. Elle se développe en eau douce, si la température de l'eau demeure entre 25° et 45°C environ, dans un système mal entretenu et dans lequel se forme de l'eau stagnante.

Le second des inconvénients est l'utilisation d'une climatisation exagérée. Elle cause ce qui ressemble à un rhume, sans en être un. L'un des principes de la climatisation est de refroidir l'air et de l'assécher. Il faut éviter un usage systématique ou trop froid de la climatisation, dès les premières hausses de température et ne l'activer que si la température extérieure dépasse les 26°C. Les écarts de température entre l'intérieur et l'extérieur ne devront pas être trop importants: il ne faut pas régler le climatiseur en dessous de 21°C, ni dépasser les 6° à 8°C d'écart avec l'extérieur. Il faut empêcher de diriger le flux d'air directement sur un canapé, un bureau ou un lit. Un contraste important de températures provoque toux, irritation des muqueuses nasales et déshydratation. Cela se remarque à une sensation d'inconfort, des maux de tête, une raideur de la nuque.

Le plus simple est évidemment de ne pas installer de climatiseur.

Effets mineurs et cumulatifs

Certaines séquelles de ce changement climatique peuvent être mineures ou supportables, parce qu'elles n'ont qu'un impact local et ne détériorent pas toute la planète.

La diminution du domaine skiable en moyenne montagne ruine des communes alpestres et provoque l'installation de canons à neige pour créer des pistes de skis artificielles. Cet expédient dépense de l'énergie pour compenser les effets du gaspillage antérieur, il l'aggrave et précipite le phénomène que l'on croit compenser. Tout comme les canicules de l'été qui incitent à acquérir des climatiseurs.

L'obstacle à la gestion du réchauffement climatique est l'habitude à un certain confort. Le consommateur s'attend à ce que la technique pallie le défaut de la technique, sans comprendre qu'elle l'exacerbe.

Effets systémiques

Les barrages hydroélectriques bénéficient encore actuellement de la fonte accélérée des glaciers, qui augmente le volume d'eau à turbiner. Lorsqu'entre 2030 et 2050 les glaciers alpestres auront disparu, les centrales ne bénéficieront plus de leur apport en été, au moment où les précipitations se font plus rares ou deviendront même inexistantes. Les fleuves asséchés ne seront plus suffisants pour alimenter le refroidissement des centrales nucléaires, qui doit se poursuivre même à l'arrêt des réacteurs.

On pourrait ranger dans cette catégorie les tornades, qui sont des phénomènes localisés. Il s'agit de la rencontre à proximité du sol entre des courants ascendants, chauds, avec des courants descendants, froids. Il en résulte des phénomènes de tourbillons sur quelques dizaines ou centaines de mètres, qui produisent des vents violents, avec l'arrachage des tuiles, le renversement des pylônes, le déracinement des arbres, la projection des véhicules.

Enfin un phénomène important se régule spontanément. La formation de nuages croît évidemment avec la température des océans. Elle produit deux effets opposés. D'une part, la couverture blanche de la planète reflète davantage le rayonnement solaire. D'autre part, les nuages produisent le même effet qu'un gaz à effet de serre La production de nuages se stabilise quand les deux effets se compensent.

En revanche si le phénomène s'emballe, les océans peuvent se transformer de plus en plus en nuages et accroître la température au-delà de ce qui est supportable pour la vie. C'est apparemment ce qui est arrivé à Vénus.

Cyclones

Les cyclones (ouragans, typhons) sont des amas de nuages sur des centaines de kilomètres de diamètre autour d'un tourbillon. Ils se chargent de l'énergie que produit une mer chaude, d'au moins 27°C sur plusieurs mètres de profondeurs. Ils sont liés au réchauffement climatique et se révèlent de plus en plus nombreux. Des pluies abondantes, des vagues hautes, des glissements de terrain et des vents violents sont les conséquences de ces tempêtes tropicales.

Dès 2018, la saison des cyclones dans l'hémisphère Nord s'est avérée au-dessus des normales de la période 1981/2010. Cette saison a compté 70 événements contre 53 en moyenne pour les années antérieures. Elle a commencé de façon précoce le 25 mai avec la tempête Alberto. L'ouragan Leslie toucha les côtes portugaises à Figueira da Foz où une rafale de 176 km/h fut mesurée.

Des îles ou des régions côtières peuvent être totalement ravagées et devenir à terme inhabitables. Les arbres et les pylônes électriques abattus provoquent des dégâts importants et onéreux. La situation peut s'emballer en piégeant des habitants par le feu avec des centaines de morts, comme en août 2023 à Hawaï.

Sécheresse

L'été 2018 a dévoilé des suites du réchauffement climatique, qui dépassent tout ce que l'on avait connu et tout ce que l'on avait prévu. Il n'y a pas que la banquise et les glaciers alpins qui ont fondu. Sur tout l'hémisphère Nord, la sécheresse, les incendies de forêt, la canicule urbaine ont sévi.

L'évènement le plus symbolique s'est déroulé aux États-Unis, dont l'ex-président Trump nie le réchauffement climatique. La ville de Paradise était située au nord de la vallée centrale de Californie, sa population s'élevait à 26 882 habitants sur une superficie de 47,3 km^2. La ville fut entièrement détruite par l'incendie qui a débuté le jeudi 8 novembre 2018 et qui a détruit près de 620 km^2 et plus de 13 500 maisons. Le président Trump visita ce champ de ruines, exprima sa tristesse et maintint son refus de reconnaître que le changement de climat soit responsable de ce désastre.

Un feu de forêt aussi meurtrier s'est produit à Athènes en juillet 2023 entraînant la mort de 74 personnes et des scènes de panique.

Pénurie alimentaire

Le réchauffement climatique est déjà tel qu'il a modifié en France des dates séculaires : la moisson comme la vendange ont été avancées d'un mois. Des régions viticoles prestigieuses comme la Bourgogne sont amenées à renoncer aux cépages traditionnels, pinot noir et gamay, chardonnay et aligoté. Un savoir-faire séculaire est en voie de mutation. Les Bourguignons produiront l'équivalent des Côtes du Rhône et les Ardennais peut-être une sorte de Bourgogne.

Bien évidemment la sécheresse entraîne une baisse des rendements, voire l'anéantissement de récoltes, spécialement dans les régions déjà menacées d'une insécurité alimentaire permanente, comme le Sahel. Selon certains experts, une augmentation d'un degré de la température planétaire diminue de 6 % le rendement du blé, de 7 % celle du maïs et de

3 % celle du riz. Le rendement du soja ne serait pas affecté. Ces quatre plantes fournissent les deux tiers des calories ingérées par l'humanité.

Cette pénurie planétaire entraînera un relèvement du prix des céréales de base. Il affectera moins les pays développés, parce que la part des dépenses consenties pour l'alimentation est faible, en dessous de 10 % du revenu d'un ménage, alors qu'elle mobilise jusqu'à 60 % des maigres ressources d'une famille habitant une région déshéritée. La transition climatique exacerbera ses inégalités et projettera sur les routes de l'exil des millions d'affamés.

Migrations

Le dessèchement de certaines régions et l'engloutissement d'autres par la montée des océans rendent ces territoires inhabitables ou stériles. Mais où vont aller leurs populations sur une Terre peuplée par huit milliards d'individus ? Il serait naïf d'imaginer que les peuples migrants seront accueillis par les États riches.

Le 10 décembre 2018, 150 États ont ratifié un Pacte mondial pour des migrations sûres, ordonnées et régulières. Accusé de vouloir faciliter l'arrivée d'étrangers en Europe, ce pacte fut qualifié d'imposture. Parmi les pays non signataires, plusieurs ont à leur tête des dirigeants ayant fait de la rhétorique anti-migrants un de leurs arguments électoraux. Premier sur la liste en décembre 2017 : les États-Unis. S'y sont ajoutés en novembre 2018 entre autres : la Hongrie, la Pologne, la Slovaquie et l'Autriche. Mais également des pays extra-européens de taille comme l'Australie, le Brésil et Israël. À quelques jours de la signature, le Parlement suisse a aussi annoncé la suspension de sa décision de ratification.

Les causes de la migration, provenant des régions sous-développées, sont une croissance économique faible, une répartition inégale des revenus, la forte croissance démographique, des taux élevés de chômage, les conflits armés et les épurations ethniques, les violations des droits de l'homme, les persécutions, la corruption et l'impéritie des gouvernements. Une variation du climat, rendant ces pays encore moins aptes à nourrir leur population, aggrave ces maux et précipite vers l'Europe et le nord de l'Amérique une vague d'émigration.

Une solution vertueuse, systématiquement proclamée comme panacée, consisterait à augmenter l'aide au développement pour maintenir les populations sur place, qui agit à fins contraires. L'évolution positive d'un pays en développement renforce les migrations internationales, parce que les personnes, qui acquièrent une qualification professionnelle et les moyens financiers d'émigrer, ne trouvent pas encore de perspectives satisfaisantes dans leur pays en comparaison de l'Europe occidentale.

Ce phénomène, intitulé rebond migratoire, mobilise une classe moyenne locale, qui déserte son pays d'origine et fait défaut pour le développement que l'on croyait soutenir. Ainsi l'Europe de l'Est, déprimée par sept décennies de gouvernement communiste, s'est répandue dans l'Europe de l'Ouest à hauteur de 10% de sa population.

Hausse des océans

Le niveau des océans dépend directement de la température moyenne de la planète par suite de deux phénomènes: en se réchauffant l'eau se dilate; la fonte des glaciers apporte de l'eau douce aux océans.

Voilà 125000 ans, la Terre était plus chaude de 2°C et la mer culminait entre 6 et 9 mètres au-dessus de son niveau actuel par suite de la fonte des glaciers. Cela constitue une prévision réaliste du risque que nous courons actuellement.

Il y a 110000 ans, une période glaciaire débute. Par l'extension des glaciers, le niveau de la mer baisse jusqu'à son point le plus bas voici 20000 ans, soit 150 mètres en dessous du niveau actuel. Comme la

Manche est à sec, la faune, y compris les hommes, passe librement de France en Angleterre. De même, le détroit de Behring entre la Sibérie et l'Alaska a disparu et des groupes de chasseurs sibériens commencent à envahir les Amériques. Enfin, les Alpes sont intégralement couvertes par un glacier qui va de Lyon jusqu'en Autriche.

En -21 000, le réchauffement débute à cause d'un léger changement de l'orbite de la Terre autour du Soleil et, en -11 000, la température et le niveau de la mer se stabilisent à proximité de l'état actuel. Jusqu'au début du XIXe siècle, le niveau marin a peu varié, de 0,1 à 0,2 mm/an. Au XXe siècle, la mer a monté de 17 cm sous l'effet du changement climatique. Le niveau marin a encore gagné en moyenne 8 cm de 1992 à 2015 et localement jusqu'à 23 cm.

Simultanément, l'océan Arctique se réchauffe et la surface de la banquise diminue rapidement en passant 5,03 millions de km^2 en 2014 à 4,59 en 2018. Comme il s'agit de glaces flottant sur l'eau, leur fonte n'élève pas le niveau de celle-ci.

La mer de Barents, partie de l'océan Arctique située au nord de la Norvège et de la Russie occidentale, est devenue le point chaud de l'Arctique. C'est là que convergent les eaux atlantiques et arctiques.

Plus chaude et plus salée, l'eau de l'Atlantique constitue la couche inférieure. Elle est surmontée par l'eau de l'Arctique, qui est alimentée en eau douce par la fonte de la banquise et l'apport des fleuves sibériens. Comme le réchauffement climatique entraîne une réduction de la banquise, la couche supérieure d'eau froide diminue. Si la stratification des eaux disparaît, l'Atlantique envahira l'Arctique et accélérera le réchauffement.

Un phénomène analogue pourrait influencer la circulation du Gulf Stream qui assure un climat tempéré à l'Europe de l'Ouest. Au lieu de remonter jusqu'en Norvège, il pourrait impacter la côte africaine et accroître encore la température de cette région, tout en cessant de jouer son rôle modérateur pour l'Europe. Un des paradoxes du réchauffement climatique serait un refroidissement dans le nord-ouest de l'Europe.

La fonte des glaciers de l'Antarctique ou du Groenland apportera une élévation sensible du niveau. Les régions menacées de submersion au point de devenir inhabitables sont le Bangladesh, les Pays-Bas, plusieurs archipels du Pacifique et des villes comme Canton, La Nouvelle-Orléans, Ho Chi Minh-Ville, Abidjan, Jakarta. Plus proche de nous, la Camargue sera largement submergée.

Cas de l'Europe

Selon les scénarios climatiques actuels, le réchauffement du système climatique se poursuivra à l'avenir. Les étés deviendront plus secs et les événements météorologiques extrêmes augmenteront. Afin de limiter le réchauffement, de fortes réductions des émissions mondiales de gaz à effet de serre seraient nécessaires. Le défi ne peut pas seulement être surmonté à l'échelle nationale.

À titre d'exemple, la France ne représente que deux pour mille de la production mondiale de CO_2 ; même si elle était totalement vertueuse au point de ne plus rien rejeter, cela ne changerait pas grand-chose. Cependant, par leur richesse, les pays développés peuvent et doivent donner l'exemple d'une politique positive afin d'impulser une pratique générale.

Scénario extrême

Personne n'est capable de prédire certainement la nature ou l'ampleur de ces phénomènes cumulatifs. Aucun expert ne peut dire de combien le niveau des océans augmentera en phase finale.

La Terre constitue une planète exceptionnelle dans le système solaire. Les conditions d'apparition de la vie ont été réunies à un certain moment, mais rien ne garantit qu'elles perdureront. Les *Homo sapiens* ont bénéficié de ces conditions mais ils ont contribué par leur multiplication et leurs activités à les détruire. Le marché des climatiseurs ne représente qu'une goutte d'eau dans un océan d'incurie, mais celui-ci est constitué de gouttes d'eau.

Grâce aux études des nuages et de la géologie de la surface actuelle, combinée avec le fait que la luminosité du Soleil a augmenté de 25 % depuis 3,8 milliards d'années, les scientifiques pensent que l'atmosphère de Vénus voici 4 milliards d'années était proche de celle de la Terre avec de l'eau liquide à la surface. L'effet de serre a causé l'évaporation de l'eau de surface et la hausse du niveau des gaz à effet de serre y compris les nuages qui a suivi.

On ne peut exclure que la planète Terre redevienne aussi inhabitable qu'elle le fut aux premiers temps de son existence, tantôt trop froide, tantôt trop chaude. Plusieurs fluctuations extrêmes du climat ont entraîné cinq extinctions massives des êtres vivants. Nous sommes apparemment au début de la sixième. Pour la première fois nous en sommes la cause. Le climatiseur n'est pas une baguette magique qui pourrait annihiler les menaces décrites plus haut. Il a ses propres inconvénients en plus de sa charge énergétique.

VI

La duplicité politique

S'IL FAUT CHANGER L'ÉCONOMIE GLOBALE DE LA PLANÈTE, on ne voit pas que cela soit possible sans action de la politique, non seulement nationale, mais surtout internationale. Certes elle s'y est attachée, malgré cela sans succès et même en échec total.

Il faut tout de suite rappeler que la production de gaz à effet de serre n'a en rien diminué comme on parvient à le faire croire, mais qu'elle continue de croître comme on réussit à le dissimuler. En 2022, les émissions de CO_2 des énergies ont encore augmenté de 0,9 %, pour atteindre un record à plus de 36,8 milliards de tonnes. Parler de politique mondiale du climat c'est donc analyser les raisons d'un échec de sa gouvernance. C'est mesurer l'ampleur du défi non seulement politique mais plus profondément culturel.

Les ballets diplomatiques

La première conférence mondiale sur le climat s'est tenue à Genève dès 1979. Il y a donc quarante-quatre ans que les experts du climat sont en alerte. En 1988, le Groupement d'experts intergouvernementaux (GIEC) fut créé à l'initiative des Nations Unies. Son premier rapport en 1990 reconnaissait l'influence humaine sur l'évolution du climat. Il n'a pas cessé depuis d'alerter l'opinion publique sans susciter d'autre réaction que quelques grands titres des journaux.

La COP 21

La COP est une conférence internationale sur le climat par les États engagés par la Convention cadre des Nations unies sur les changements climatiques depuis 1992. COP est l'anagramme volontairement neutre de «*Conference of parties*», les «parties» étant les signataires de la Convention (195 pays + l'Union européenne). L'objectif est de débattre de l'application de la Convention et de négocier les nouveaux engagements.

La COP21 fut la 21e *Conférence des parties* après celle de Varsovie (COP19) et Lima (COP20). Elle s'est tenue du 30 novembre au 11 décembre 2015 à Paris-Le Bourget, sous la présidence française de Laurent Fabius. On se souvient du geste spectaculaire de son maillet asséné sur le bureau pour signifier qu'un accord décisif était obtenu. Illusion diplomatique ! Gadget de com.

COP21 s'inscrit dans un dérisoire processus de négociations internationales sur le climat. Dès 1992, au Sommet de la Terre, les États reconnaissent l'existence d'un changement climatique d'origine humaine et s'engagent à lutter dans le cadre d'une convention internationale. En 1997, par le Protocole de Kyoto, les pays industrialisés s'engagent à réduire leurs émissions de gaz à effet de serre (GES) de 5 %. En 2009 lors de la Conférence de Copenhague, les pays s'engagent à limiter le réchauffement climatique à 2 °C, mais sans fixer de contrainte pour y parvenir. En 2014, la Conférence de Lima (COP20) prépare les négociations de 2015 qui se concluent par un accord à Paris.

Les négociations de Paris ont élaboré les bases d'un nouvel accord qui doit être : universel, c'est-à-dire applicable à tous les pays ; juridiquement contraignant à partir de 2020 ; différencié, définissant des objectifs différents pour les pays développés et les pays en développement ; ambitieux, permettant de limiter réellement les changements climatiques.

La conférence a réuni les délégations officielles de 195 États et de l'Union européenne mais aussi des organisations non étatiques: ONG, entreprises, syndicats, collectivités locales, organisations de protection de l'environnement, peuples autochtones, instituts de recherche. Soit 40000 personnes au total. La COP21 s'est conclue sur un accord qui prévoit de limiter l'augmentation de la température à 2°C, voire d'aller vers l'objectif de 1,5°C par rapport à l'ère préindustrielle.

On ne peut donc pas reprocher aux diplomates négociateurs d'être restés passifs. Ils n'ont pas boudé leur plaisir de causer. Mais toutes ces réunions de diplomates n'ont débouché sur rien de concret. La teneur en gaz à effet de serre a continué d'augmenter de même que la température.

Il n'y a pas de gouvernement mondial qui puisse imposer de solution. Il n'y a pas de perspectives qu'il soit créé dans un proche ou même lointain avenir. Pour que cela ne soit pas trop visible, des ballets diplomatiques sont organisés. C'est de la com à l'état pur qui laisse dans l'opinion publique l'impression que le problème serait en voie de solution.

Droit de polluer

En particulier, cet accord vise à normaliser le « marché du carbone ». Cette institution bizarre est typique de la politique internationale, qui imagine de fausses solutions aux véritables problèmes, pour qu'il ne soit pas dit que les débats n'ont eu aucun résultat. Alors que la seule réaction saine de la Conférence de Paris eût été de réduire au plus vite, partout où cela est possible, la production de CO_2, les conférences internationales se sont ingéniées à créer un marché des droits à polluer. La nocivité de la pollution est prétendument corrigée par sa légalité.

Ce droit fonctionne comme suit. À chaque pollueur un quota de pollution est attribué. S'il est dépassé, une taxe de 100 euros par tonne de carbone émise en trop est appliquée, sauf si l'entreprise polluante achète des droits de polluer à une autre entreprise, qui ne les a pas tous utilisés.

Au départ, ce système n'a pas fonctionné du tout, car les quotas avaient été fixés trop haut : tout le monde pouvait continuer à polluer sans être imposé et ne devait donc rien acheter. En 2007, le prix de la tonne s'est donc effondré jusqu'à zéro. Après réduction des quotas, il s'est depuis stabilisé aux alentours de 13 euros.

À titre d'exemple en Suisse, les mesures techniques d'économie déjà prises ont fait diminuer la consommation d'énergie par personne de près de 6% depuis 1990. Mais la population a simultanément crû de 20% et la consommation a augmenté de 14%. La consommation d'énergie du pays augmente au rythme de 0.5% par an. De 2029 à 2020 la consommation a baissé en France de 8,3%.

En achetant des droits à polluer, la Suisse «émet» théoriquement 10% de moins de gaz à effet de serre en 2016 qu'en 1990, mais en réalité elle en émet davantage. Elle n'atteint pas l'objectif annoncé de -20% en 2020. Elle promet d'aboutir à un bilan neutre en 2050 par une politique moitié-moitié: une réduction des émissions en Suisse et l'achat de permis de polluer à l'étranger pour le même montant, qui par définition ne diminue pas la pollution mais la légalise.

Ce système de droits à polluer revient à octroyer à un pays riche le privilège de faire moins d'efforts que les autres, alors que les pays développés possèdent la capacité technique et financière de cesser complètement d'émettre, tandis que les pays en voie de développement ont besoin d'augmenter leur production d'énergie à bon marché, en polluant si nécessaire. Bien entendu, dans l'atmosphère de corruption et d'incompétence d'un pays africain, cette prétendue réduction des émissions relève de la fiction. C'est à nouveau un cas d'illusion technique.

L'existence de ce marché a été stigmatisée par le pape François qui en exprime bien le caractère immoral: « La stratégie d'achat et de vente de "crédits de carbone" peut donner lieu à une nouvelle forme de spéculation, et cela ne servirait pas à réduire l'émission globale des gaz polluants. Ce système semble être une solution rapide et facile, sous l'apparence d'un certain engagement pour l'environnement, mais qui n'implique, en aucune manière, de changement radical à la hauteur des circonstances. Au contraire, il peut devenir un expédient qui permet de soutenir la surconsommation de certains pays et secteurs. » (*Laudato si*)

On retrouvera cette constante dans tout le dossier: les inconvénients de la transition climatique affecteront surtout les moins favorisés. Toute modification de l'environnement agit comme un filtre. Elle avantage les plus évolués pour qu'ils survivent. C'est conforme à la dure logique de l'évolution selon Darwin.

Justice sociale

La sauvegarde de l'environnement et la justice sociale sont deux objectifs qui ne coïncident pas spontanément.

Toute politique robuste doit donc prendre en compte deux objectifs difficilement conciliables: sauver la planète; protéger les populations défavorisées. Dans l'optique de l'évolution biologique naturelle, elles seraient éliminées. L'évolution de l'espèce humaine exige peut-être de dépasser cette logique. Dans quelle mesure, avec quels moyens, selon quels critères? Les décideurs n'y réfléchissent pas.

Ce qui se manifeste au niveau international est simplement la conjonction des mêmes attitudes dans la plupart des pays.

Une attente déçue

On aurait pu espérer que la transition climatique ouvre une dimension neuve dans le paysage politique, radicalement différente de la classique opposition entre droite et gauche: pour ou contre le nationalisme, le soutien de l'économie libérale, la méfiance de l'État. Or cette attente est déçue: on a beau considérer un paramètre fondamental de la planète, qui concerne tout le monde de la même façon, il subsiste encore des divergences partisanes.

On s'engage dans la lutte pour la survie de beaucoup d'humains avec des réflexes datant des trente glorieuses, quand la surconsommation pour tous paraissait possible sans limites, au point de devenir l'horizon indépassable d'une économie dynamique.

D'un côté les leaders du populisme atavique sont climatosceptiques par une sorte d'automatisme, alors que ce n'est pas le fonds de commerce habituel de la droite, plutôt pragmatique. De l'autre, la gauche, souvent irréaliste par excès d'idéalisme, est fascinée par le réchauffement climatique, dans l'optique d'une foi quasiment religieuse dans la décroissance qui ne supporte aucune contestation, aucun débat serein et donc aucune avancée.

Pour nier la réalité, la droite avance, dans le même discours, les trois arguments classiques et contradictoires : il n'y a pas de réchauffement climatique ; s'il y a un réchauffement, il n'est pas du fait de l'homme ; le serait-il même, qu'il n'appelle pas de mesure. Son argumentaire zigzague entre ces trois positions. Rien n'est sûr, tout est vague, toutes les thèses se valent et s'annulent mutuellement.

En comparaison, les prophètes gauchistes de la transition climatique, cependant appuyés sur des faits indiscutables, paraissent têtus, bornés et maniaques. La pensée molle qui en constitue la résultante en politique est à ce point coutumière qu'un raisonnement bien-fondé semble de ce fait douteux. C'est, pense-t-on, une émanation du monde scientifique, qui en assurant avoir raison a, de ce fait même, perdu toute crédibilité dans une agitation médiatique brouillonne

La politique en matière climatique est un jeu à somme nulle. Aussi longtemps qu'il est libre de ses choix, chaque État ne peut que refuser de réduire son empreinte CO_2, parce que sa capacité concurrentielle en souffrirait au bénéfice des autres États. Dès lors, tous se regardent en chiens de faïence, signent les yeux fermés tous les traités du monde, mais se gardent bien de les appliquer.

Une seule planète

Cependant, la maîtrise du climat constitue un problème planétaire parce qu'il n'y a qu'un seul climat et une seule planète. Nous n'en avons pas de rechange. L'incurie des uns lèse tous, innocents et coupables. Or, l'enjeu ultime est la survie de l'espèce. À ce problème planétaire n'existe qu'une seule solution pratique : un exécutif planétaire doté de moyens de coercition pour se faire obéir de tous. L'État-nation ne serait plus qu'une survivance du passé, un pouvoir subordonné, réduit à l'expédition des affaires locales. Pour l'instant c'est une utopie irréalisable.

Elle est bienvenue par la gauche. Comme, depuis la chute du Mur de Berlin, cette dernière est en panne d'idéologie, l'écologie lui sert de roue de secours. Tandis que la solution réaliste est inacceptable pour la droite, qui est contrainte de pratiquer le déni de réalité. Dominique de Villepin l'avait déjà formulé insolemment: « Lorsqu'on ne trouve pas de solution, cela signifie qu'il n'y a pas de problème. »

Pour sortir de cette impasse, il faut arriver à s'extraire de la guerre de tranchées politique qui fut la norme. Il faut faire bouger les lignes. La machinerie économique du capitalisme sera indispensable pour équiper la planète des appareils de captation des énergies solaires et géothermiques et pour isoler les bâtiments. Mais ce changement de bord n'est possible que par un renforcement du pouvoir international existant à l'état d'embryon. Il faudra convaincre les peuples de se restreindre, projet dans lequel seul le marxisme avait excellé, jusqu'à faire de la pénurie un idéal de vie.

En d'autres mots, il faudrait débarrasser des idéologies les propositions réalistes qui peuvent réellement servir dans la circonstance, c'est-à-dire inventer une économie compatible avec l'écologie. Vaste programme qui n'a pas encore été abordé de front.

À titre d'exemple, pour diminuer réellement la consommation, y compris l'énergie grise contenue dans n'importe quelle marchandise ou service, il faut commencer par restreindre cette part de la publicité dont l'objectif est de susciter des besoins inexistants. On a de la peine à imaginer le moyen par lequel on aboutirait à ce moratoire. Comment subsisteraient les médias de toute sorte, les manifestations culturelles ou les clubs sportifs qui en dépendent financièrement ?

Plus fondamentale encore est la nécessité de concilier la restriction de la consommation et la protection des plus faibles. Une simple politique d'augmentation des taxes sur l'énergie est vouée à l'échec comme l'a démontré la révolte des gilets jaunes.

La difficulté majeure sera de créer une instance internationale alors que les nationalismes fleurissent. Cela ne se fera pas spontanément, ni à temps. La création d'un marché massif des climatiseurs est le révélateur de cet accès de somnambulisme.

Droit dans le mur

Il demeure des fractions de l'opinion publique et des décideurs qui ne sont pas convaincus de l'urgence de la situation ou qui prétendent ne pas l'être. Telle est la raison du succès des partis populistes. C'est une application de la remarque énoncée plus haut : les hommes ne veulent pas savoir que leur civilisation est mortelle et encore moins qu'ils organisent son suicide. De même, la méditation sur sa propre mort ne constitue pas l'activité favorite de la plupart des individus.

Le but du populisme, qui devient partout le plus important des partis, n'est absolument pas de résoudre les défis tels qu'ils se posent en réalité, mais tels qu'ils sont perçus par la masse des électeurs, dont la formation critique est évidemment lacunaire. On peut donc prétendre n'importe quoi dans le débat politique, aussi bien pour le réchauffement climatique que pour la vaccination contre le Covid ou l'envoi d'armes à l'Ukraine. Cela procède d'une analyse cynique mais tout à fait réaliste de l'opinion publique. En y additionnant des campagnes de méfiance à l'égard des « élites », on ruine lentement l'édifice démocratique et on se rapproche du pouvoir illibéral.

L'exemple de maints pays démontre qu'une telle campagne de communication dégage une majorité électorale. Celle-ci acquise dans les urnes, une seule fois et de justesse, le pouvoir devient définitivement la propriété du leader charismatique, propulsé par son identification aux craintes de la majorité. Il suffit ensuite de lancer des émeutiers à l'assaut des bâtiments qui sont le siège du pouvoir.

Bien agiter le peuple avant de s'en servir

Sur certains médicaments, il est expliqué qu'il faut agiter la bouteille avant de s'en servir, parce que le dépôt doit se mélanger avec le liquide. Conseil judicieux, qu'il ne faut cependant pas transposer en d'autres circonstances: on n'agite pas une bouteille de Bourgogne avant de la verser, on la maintient même couchée dans un panier pour éviter que la lie se mêle au vin au point de le rendre imbuvable.

En un mot, le populisme, né de la crise, n'utilise les institutions que pour mieux les détruire. Et même alors, ce serait encore tout bénéfice pour lui. Car, même si une initiative calamiteuse était acceptée et que le gouvernement soit vraiment obligé de l'appliquer avec de mauvaises conséquences, ce serait peut-être encore bénéfique pour le parti. En s'appauvrissant par sa faute, un pays compterait encore davantage de mécontents qui donneraient la majorité absolue au populisme. Comme c'est ce qui se passe en Pologne, en Hongrie, en Italie, en France, ce n'est pas impossible. Dans ce contexte, il ne faut pas imaginer qu'un gouvernement s'oppose à la commercialisation massive de climatiseurs.

La politique bien comprise ne consiste pas à secouer le peuple, mais à l'informer, à l'écouter, à le réconforter, à le convaincre. Cela s'appelle servir la Nation. Le contraire de cette politique consiste à se servir de la Nation. Et cela marche de plus en plus.

VII

La menace démographique

Explosion de la population

Sur un territoire donné, la transition énergétique sera d'autant plus commode que la population est restreinte. À titre d'exemple : l'énergie d'origine hydraulique représente 17 % de l'énergie primaire consommée par la France. Si par hypothèse la population du pays tombait en dessous de 10 millions d'habitants, les barrages suffiraient à couvrir les besoins. Le nucléaire ne serait même plus nécessaire. Il n'y aurait plus d'empreinte carbone du tout. La climatisation n'empirerait plus le climat. La démographie constitue donc une dimension essentielle du contexte dans lequel s'inscrit la création d'un marché des climatiseurs.

À la naissance de l'auteur, la population mondiale venait d'atteindre deux milliards. Lorsqu'il mourra, elle aura été multipliée par quatre, en l'espace d'une vie humaine. En 2050, la population mondiale atteindra 9,1 milliards de personnes, une augmentation de 2,6 milliards par rapport à la situation en 2005. C'est excessif. C'est une des causes profondes de la crise que nous vivons. On essaie de faire vivre trop de consommateurs sur une planète limitée. On essaie d'en faire vivre de plus en plus consommant de plus en plus de ressources en voie d'épuisement.

Non seulement la population croît, mais sa distribution évolue. Celle de l'Europe diminuera de 730 millions à 650 millions. Celle de l'Afrique va exploser à 1940 millions contre 910 à présent. Celle de l'Asie va atteindre 5,2 milliards contre 3,9 milliards à présent. Cela encouragera des migrations massives.

Des objectifs contradictoires

Les objectifs d'une gestion démographique sont contradictoires. D'une part l'Europe se dépeuple. Le taux de fécondité, en Union européenne à 1,5 enfant par femme, est un peu plus des deux tiers de ce qu'il faudrait pour assurer le renouvellement de la population, qui est de 2,1. Comme il n'y a que 4 millions de naissances annuelles en UE, cela devrait être compensé par une immigration d'au minimum 2 millions par an. La décision d'Angela Merkel d'accueillir près d'un million de réfugiés syriens en 2015, alors que l'Europe fermait ses frontières, fut souvent appréciée comme un acte moral fort: en fait c'était une décision politique intelligente, puisque l'Allemagne ne renouvelait pas sa population, qu'elle était entrée en déclin démographique et que les immigrants se sont facilement intégrés.

En France, le taux de fécondité est de 1.96, presque le taux nécessaire au renouvellement de la population. Cette différence, d'avec le reste de l'UE, permet de saisir l'intérêt d'une législation de soutien à la famille.

Sans politique familiale ou sans immigration compensatoire, l'économie stagne faute de main-d'œuvre. La couverture des pensions se dégrade par manque d'actifs pour soutenir les retraités.

Cependant, bien qu'elle soit indispensable, cette immigration massive est mal supportée par la fraction de la population native, qui est menacée dans son emploi par l'afflux d'étrangers, faiblement rémunérés dans leur propre pays. Ces citoyens contrariés par l'immigration composent l'électorat du parti populiste. Si celui-ci devient majoritaire, l'immigration serait en théorie stoppée.

Ce serait une décision illusoire. Depuis le Brexit, l'immigration en Angleterre non seulement n'a pas diminué, mais elle a augmenté, alors que l'argument principal de la campagne en sa faveur était de fermer la frontière aux étrangers. Il n'est pas plus possible d'arrêter la migration que d'interdire à la pluie de tomber.

À cette contradiction dans les termes ne peut répondre qu'une politique boiteuse, quoi qu'elle fasse. Nous n'avons pas évoqué les considérations humanitaires, tout à fait fondamentales, selon lesquelles un réfugié politique ou économique devrait être accueilli dans un pays riche, auquel il apporte du reste sa jeunesse et sa force de travail.

Un futur menaçant

Or cette situation, qui concerne toute l'Europe, va s'accroître par suite de la transition climatique. Des émigrants africains n'ont déjà d'autre issue que de risquer leur vie dans des traversées périlleuses de la Méditerranée, plutôt que d'attendre sur leur terre natale de mourir de faim, de maladie ou de violence. Les barbelés qui protègent dès maintenant Ceuta et Melilla ou la frontière de la Hongrie se généraliseront. Il n'y aura jamais de ruée massive vers l'Europe mais un envahissement à bas bruit, dont les partis populistes en feront leur piètre fonds de commerce.

La transition climatique est donc encadrée par deux impératifs contradictoires: bénéficier d'une certaine immigration (laquelle?); refuser l'excès inacceptable par la population (combien?). Le choix d'un quota ne sera pas simple dans une controverse où les opinions les plus contradictoires s'exprimeront. Dans cette optique dramatique, aggraver son origine, le réchauffement climatique, en multipliant les climatiseurs est insensé.

VIII

La climatisation sans climatiseur

Le réchauffement climatique est une évidence incontournable qui crée des canicules particulièrement éprouvantes, au point de susciter des excédents de mortalité. Il existe un véritable besoin de climatiser: comment le satisfaire sans climatiseur?

Le long terme

La solution radicale serait de surmonter le réchauffement climatique en cessant instantanément de produire du CO_2. L'expansion de la climatisation de masse ne serait apparemment plus nécessaire. Mais c'est de la musique d'avenir, irréaliste dans l'immédiat. Non seulement il n'est pas possible de modifier instantanément le fonctionnement de l'économie, mais surtout cela n'arrangerait rien, car il faudra beaucoup de temps, peut-être un siècle, pour revenir à la normale des températures. Nous sommes déjà dans une impasse et nous nous y enfonçons de plus en plus, puisque nous ne parvenons même pas à stabiliser, a fortiori à diminuer la production de gaz à effet de serre. De là à l'arrêter sur le champ !

Seconde solution radicale. La climatisation n'est pas nécessaire pour un bâtiment correctement isolé. De plus en hiver son chauffage est réduit. Si l'on ajoute une couverture de cellules photovoltaïques sur le toit, on arrive à la notion de maison autonome, qui peut se fournir à elle-même largement assez d'électricité pour faire tourner un ventilateur ou même un climatiseur. L'impasse évoquée plus haut s'efface. Mais il est évidemment impossible d'isoler instantanément tous les bâtiments. C'est aussi une solution pour le long terme.

Rénover l'habitat

La plupart des villes des pays développés ont été construites sans aucun souci des canicules qui étaient rares et bénignes. Il faut repenser maintenant l'habitat.

Une nouvelle fois la comparaison entre Europe et les États-Unis est éclairante. En dehors des villes américaines, la plupart des habitations privées sont de simples baraques de planches, voire des caravanes, sans isolation, de véritables passoires thermiques, aussi bien en hiver où le chauffage est gaspillé qu'en été où le climatiseur est indispensable. C'est le résultat d'un pétrole peu cher qui promeut la construction de pavillons bon marché et mal isolés dans d'immenses banlieues.

Sur la base de cette réflexion, on distingue mieux ce qui est pathologique dans la vente massive de climatiseurs. Cette solution brutale vise moins à rafraîchir les personnes qu'à siphonner promptement leur pouvoir d'achat et à créer un nouveau marché facile à manipuler. Le même mécanisme impose la voiture lorsqu'il manque de transports publics ou les canons à neige sur des pistes démunies.

Avant de remplacer l'habitat bâclé des États-Unis, pollueurs maximaux, il se passera donc pas mal de temps. Il en sera de même pour l'isolation de tous les bâtiments en Europe. Il y faut un financement gigantesque hors de portée des propriétaires individuels, la production massive d'isolants et de cellules photovoltaïques, et surtout une main-d'œuvre qualifiée qui est indisponible pour le moment. Si ces ressources sont maintenant gaspillées dans la climatisation, elles ne seront plus disponibles pour cette mesure durable. C'est aussi une solution pour le long terme.

L'exemple de l'architecture des pays chauds

Les bâtiments traditionnels des villes et des villages des pays chauds sont conçus pour optimiser l'ombre, réduire le réchauffement issu du soleil, contrôler la température des bâtiments et assister la circulation de l'air, par une combinaison de matériaux de construction, d'emplacement et de conception. L'empire romain n'a pas attendu l'invention du climatiseur pour s'adapter aux canicules.

Des éléments naturels comme le calcaire fournissent un matériau de construction capable de contrôler la température des bâtiments. Par temps humide, le matériau absorbe l'humidité, qui peut ensuite s'évaporer pendant les journées chaudes et ensoleillées pour fournir un effet de refroidissement. La texture sableuse et la couleur des bâtiments réduisent en outre l'absorption et l'émission de chaleur rayonnante.

Les constructions sont disposées à proximité les unes des autres, séparées par des ruelles étroites. Le rapport de la surface exposée au soleil par rapport au volume du bâtiment est minime, limitant les pics de chaleur pendant la journée.

De nombreuses structures traditionnelles comprennent également une cour intérieure, comme l'atrium de la villa romaine. Cette cour est entourée de chambres ou de murs, pour maximiser la zone d'ombre au cours de la journée. Lorsque le soleil plombe à midi, la cour intérieure fonctionne comme une cheminée: elle envoie l'air chaud vers le haut et le remplace par l'air plus frais des pièces attenantes, encourageant ainsi une circulation de l'air et créant un effet refroidissant.

Chaque pièce compte souvent deux fenêtres: une toute petite, située en haut du mur et maintenue ouverte pour permettre à l'air de circuler et laisser entrer la lumière naturelle. Une seconde, protégée par des volets de bois, avec des encoches pour permettre à un courant d'air de pénétrer dans la pièce tout en défendant l'intimité. Certaines pièces possèdent des fenêtres ouvrant sur la cour. Le moucharabieh, une fenêtre en saillie, située aux étages supérieurs d'un bâtiment, permet une meilleure circulation de l'air. Une disposition de fenêtres sur deux façades opposées suscite aussi des courants d'air.

Dans l'immédiat, des mesures peuvent être prises pour certains bâtiments existants: équiper de stores; végétaliser les alentours; peindre le toit en blanc. Le recours à l'isolation des façades et la pose de doubles vitrages restreint le besoin d'air conditionné et la consommation d'électricité.

Solution immédiate : le ventilateur au lieu du climatiseur

Un ventilateur peut se révéler suffisant en été. Par la rotation de ses pales, cet appareil crée un courant d'air artificiel qui rafraîchit le corps. Il est moins cher et moins dispendieux en électricité qu'un climatiseur.

Le ventilateur nous refroidit de deux manières. Initialement, en remplaçant la petite couche d'air qui nous enveloppe par de l'air moins chaud et plus sec. Ensuite, en soutenant l'évaporation de notre sueur, ce qui améliore la transpiration, le moyen naturel de lutter contre la surchauffe.

Pour survivre, nous devons maintenir notre température autour de 37°C. Lorsque nous avons trop chaud, notre peau émet de la sueur. Mais ce n'est pas l'émission de la sueur sur la peau qui nous refroidit. Lorsque la sueur s'évapore, elle subit un changement de phase qui soutire énormément d'énergie à notre peau. Le ventilateur facilite l'évaporation de la sueur, en chassant autour de nous l'air mouillé par notre peau pour le remplacer par de l'air plus sec. Le ventilateur n'abaisse pas la température ambiante comme le climatiseur, il brasse l'air, qui n'est ni refroidi ni asséché.

Il est commode d'utiliser la ventilation pour rafraîchir une pièce en plaçant une serviette humide devant le ventilateur. En s'évaporant, l'eau prend la chaleur ambiante et le ventilateur diffuse un air plus frais. On peut aussi utiliser une bouteille d'eau congelée ou un bol rempli de glaçons, en baissant la température intérieure de 2° à 4°C.

Pour sentir au mieux l'effet du ventilateur, il faut renouveler l'air brassé. Le matin ou en soirée, lorsque la température extérieure est fraîche, on peut ouvrir une fenêtre et placer un ventilateur à côté, orienté vers l'extérieur pour faire sortir l'air chaud ou vers l'intérieur pour faire entrer l'air frais. En ajoutant un ventilateur à l'opposé de la pièce, on combine l'effet des deux appareils pour créer un flux d'air permanent, renouvelant l'air ventilé.

Si le ventilateur possède plusieurs vitesses, il vaut mieux choisir la plus haute, afin de maximiser les performances de la machine.

Lorsqu'un ventilateur fonctionne, il brasse aussi la poussière présente dans l'air ambiant, qui peut provoquer des maladies comme la conjonctivite ou la bronchite, spécialement chez les personnes sensibles, asthmatiques ou s'enrhumant facilement. L'entretien de l'appareil est important, en dépoussiérant régulièrement le compartiment moteur afin que celui-ci fonctionne au mieux.

Comme le moteur consomme de l'électricité, il dégage un peu de chaleur dans la pièce, d'où l'intérêt de l'éteindre dès qu'il ne profite plus à personne. Sa consommation est de l'ordre de quelques dizaines de Watts, dix fois moins qu'un climatiseur.

L'aménagement du territoire

Il ouvre une alternative globale à la solution simpliste des climatiseurs pour tous.

À titre d'exemple, Singapour multiplie les projets depuis plusieurs années pour limiter les effets de la chaleur urbaine. Parcs, jardins, bâtiments verts et écologiques : la cité-État fait aujourd'hui figure de modèle. L'île est pourtant l'une des zones les plus urbanisées au monde. Mais partout, le béton et les gratte-ciel côtoient la verdure. Et le résultat est au rendez-vous.

Dans cette zone au climat tropical, Singapour enregistre une température moyenne de 28°C toute l'année. Depuis 2006, Singapour mobilise scientifiques, urbanistes et architectes pour penser une ville capable de résister aux effets du changement climatique. Dans son programme, Singapour prévoit, d'ici 2030, de compter 80% de bâtiments «verts», c'est-à-dire des bâtiments à faible consommation énergétique. Cette politique énergique est dictée par un défi: un quart de l'électricité consommée actuellement alimente les climatiseurs.

Il existe donc un besoin global de mesures d'aménagement du territoire: multiplication des espaces verts et plans d'eau, trottoirs et toits réfléchissant les rayons du soleil, meilleure isolation des bâtiments.

La persuasion

On peut et on doit tenter la persuasion, mais comment convaincre de ne pas utiliser son climatiseur lorsque l'on en a le plus besoin?

À titre d'exemple négatif, la Fédération suisse du commerce de détail a recommandé en 2023 de ne pas baisser le réglage du climatiseur en dessous de 26°C. Mais toutes les enseignes ne s'y tiennent pas.

L'argument utilisé pour convaincre les commerçants fait appel au risque de pénurie: économiser de l'électricité pendant l'été afin d'en avoir assez cet hiver. Il n'a pas convaincu. Les gouvernants sont obligés de prêcher la modération, mais cela n'aura pas plus d'influence que les sermons dans des églises vides.

Solutions transitoires

Est-il possible d'agir dans l'immédiat? Pas forcément en se passant complètement du climatiseur, mais en modérant le réglage de sa température, en développant la part des énergies renouvelables, en concevant des climatiseurs moins gourmands en énergie et en envisageant d'autres techniques de refroidissement.

D'abord, en continuant à augmenter la part des énergies renouvelables dans la production d'électricité, afin que celle utilisée par les climatiseurs entraîne moins d'émissions de CO_2. Mais aussi en développant et installant des climatiseurs abordables consommant moins d'énergie, ce à quoi la recherche s'attelle.

Mesure simple: que les climatiseurs ne puissent pas être réglés à moins de 24°C. La consommation d'énergie est proportionnelle au froid produit. Une climatisation légère produit moins d'inconvénients.

Améliorer les climatiseurs est un autre défi de l'industrie. La recherche vise à rendre les appareils moins gourmands en électricité et à se passer du fluide frigorigène nocif pour l'environnement. La technologie qui module la vitesse du moteur a déjà permis de réduire de moitié la consommation moyenne d'électricité des climatiseurs depuis 1990.

Le deuxième défi du secteur consiste à trouver des substituts aux fluides qui équipent encore l'essentiel du parc. Bien qu'enfermés dans les appareils, ces gaz peuvent s'échapper en cas de fissures ou de non-recyclage du climatiseur. Les sites industriels ont déjà recours à d'autres gaz, comme l'ammoniac, qui ne contribue pas à l'effet de serre, ainsi qu'au propane, dont les effets sont moindres que ceux du méthane.

La recherche travaille à la création d'un mécanisme centré sur des réfrigérants qui ne quittent jamais l'état solide et évitent ainsi toute émission. D'autres développent des climatiseurs se passant de compression.

Gestion quotidienne du logement

Il va de soi que l'aération du logement doit se faire de nuit pour emmagasiner de l'air frais et refroidir l'intérieur; il faut veiller à réduire la consommation d'électricité dans l'électroménager de jour;

en particulier les lampes à incandescence produisent peu de lumière et beaucoup de chaleur tandis que les LED ont un bien meilleur rendement ; si la maison est équipée d'une pompe à chaleur, utiliser le refroidissement passif décrit au chapitre II.

Dans le cas des États-Unis évoqué plus haut, la comparaison avec l'Europe le démontre : sans diminuer le confort des Américains mais en accédant au contraire à celui des Européens, en étant mieux logés, mieux nourris, mieux vêtus, ils pourraient organiser une société à 6kW.

Même en Europe, il faut envisager de construire un système technique avec une consommation réduite de moitié, c'est-à-dire à 3kW. Est-ce vraiment possible ? Certainement pas si elle est accrue au préalable par l'installation massive de climatiseurs dans les ménages.

IX

Une culture de la sobriété

COMME TOUJOURS, LE PROBLÈME SE RÉSUME dans une question de sous. On ne peut pas dépenser deux fois le même argent. Celui siphonné par les producteurs de climatiseurs n'est plus disponible pour les véritables mesures de lutte contre la crise climatique: installation de pompes à chaleur, isolation des bâtiments, placement de cellules photovoltaïques, construction d'éoliennes, transports publics.

Lorsque la climatisation s'avère une nécessité, le climatiseur n'est qu'un outil parmi d'autres. Il ne s'est pas agi de le condamner mais de le recadrer. Il y a d'autres moyens techniques qui ont fait l'objet du chapitre précédent.

La technique du climatiseur est neutre en elle-même. Il n'a qu'un inconvénient intrinsèque: refroidir l'air qui devient sec et agressif. Le reste de ses inconvénients procède du contexte actuel qui a été décrit lors des chapitres précédents. Le climatiseur n'est qu'un palliatif alors qu'existent des remèdes.

Le contexte est particulièrement enchevêtré. L'utilisation de combustibles fossiles a eu deux conséquences : une amélioration des ressources en alimentation et en soins qui a fait exploser la population, une perturbation de l'atmosphère par l'accroissement des gaz à effet de serre qui entraîne un réchauffement du climat. Les inconvénients résultants se combattent actuellement par une climatisation pratiquement réduite au climatiseur. Il en résulte une consommation accrue d'électricité qui génère des pénuries. À titre de palliatif, la tentation du retour au nucléaire se fait jour.

Parmi toutes ces conséquences d'une crise planétaire du climat, le climatiseur est le plus emblématique des appareils, mais il y en a d'autres. On constate que ce problème mondial n'a pas engendré une gouvernance internationale à sa mesure et que la politique n'aboutit qu'à des mesures fictives qui ne freinent pas le contexte mais l'accélèrent. Chacun de ces phénomènes est à la fois cause et conséquences des autres dans plusieurs cercles vicieux. Les illusions techniques s'enchevêtrent et se soutiennent mutuellement : le climatiseur au lieu de la climatisation, le nucléaire au lieu du renouvelable, le climat scepticisme au lieu du réalisme, le marché des droits de polluer au lieu de l'abandon des fossiles, les conférences diplomatiques au lieu d'une gouvernance mondiale, le débat au lieu de la décision, la com au lieu de l'action.

Il faut examiner posément cette situation de la planète, c'est-à-dire en refusant de s'affoler et d'affoler. L'anxiété, perverse conseillère, engendre la panique et pousse aux décisions étourdies. Notamment, elle décourage d'entreprendre. Cela explique la présente insensibilité politique face au défi climatique. On en arrive à lutter contre le réchauffement en l'aggravant par une climatisation maladroite, sans même se rendre compte de la contradiction.

Soit le réchauffement est avéré, et il n'y aurait plus rien à faire, parce que le peuple n'acceptera jamais les mesures impopulaires. Soit c'est faux, et il ne faut rien faire non plus. Pour rester les bras croisés avec une bonne conscience, les décideurs politiques se convainquent que ce n'est ni vrai, ni faux, dans la zone grise des menaces latentes, des préjugés incertains et de l'avenir imprévisible.

Une politique pragmatique, même en démocratie, ne se propose pas d'effectuer tout ce qu'il faudrait faire, mais ce qu'il est possible d'obtenir par des votes, du parlement ou du peuple, explicites ou implicites. Et au-delà influencer les peuples pour que ce qui est nécessaire devienne possible.

Le défi

En réalité, si on veut limiter la hausse de la température de la Terre à 1,5 °C comme le GIEC le prône depuis si longtemps et sans succès, il faudrait revenir un siècle en arrière, en 1950, mais dans un tout autre monde, avec une population multipliée par trois de 2,5 à 7,5 milliards : ce qui en soit est déjà compliqué. Bien que ce ne soit pas impossible, ce sera difficile. Dans l'état actuel des esprits, cela ne se fera pas, parce que les peuples ne voudront pas diminuer volontairement leur niveau de vie, jusqu'à ce qu'ils soient contraints à l'improvisation par l'ampleur des catastrophes.

Nous ne sommes pas seulement confrontés à un problème technique et économique, qui comporte les solutions éprouvées décrites plus haut, mais nous affrontons surtout une injonction à modifier la civilisation : passer d'une société de consommation à une culture de sobriété. En tout, alimentation, vêtement, déplacement, distraction.

C'est un saut dans l'inconnu de même genre que celui qui a transformé des chasseurs en éleveurs, des cueilleurs en cultivateurs, voici dix mille ans lors de la révolution néolithique. Il a fallu changer de chef, remplacer les armes par des outils, inventer une alimentation, créer des réserves, renoncer à la liberté de se déplacer, assumer le travail de la terre plutôt que le plaisir de la chasse. Les tribus qui n'ont pas entrepris cette révolution ont fini par s'affaiblir et disparaître.

Aujourd'hui, l'espèce humaine est l'aboutissement d'une série de défis environnementaux du même ordre, qui furent surmontés chaque fois par le dépassement du système technique existant, mais aussi par la réforme des institutions sociales et des croyances religieuses. La sanction latente de chacun de ces défis était l'extinction d'une tribu, d'une civilisation ou de l'espèce.

De même aujourd'hui, si nous continuons sur notre lancée, la planète ne pourra plus pourvoir aux besoins de la population future. La crise à venir, une sixième extinction de masse des vivants, réaliserait mécaniquement le tri des peuples, en sélectionnant les plus aptes à la survie, ceux qui auront à temps adapté leur système technique et modifié leur mentalité, mais malheureusement aussi les mieux armés de drones et de missiles.

Avant de peindre ce chambardement, considérons la situation atteinte par les hommes du XXIe siècle, les succès dont ils ont hérité et l'évolution qui y a conduit. En apparence, puisque nous avons tout gagné, il semblerait impossible que nous puissions tout perdre, comme un joueur acharné, qui n'abandonnerait la roulette qu'après avoir dissipé en un dernier coup, quitte ou double, les gains d'une soirée. C'est une bonne image d'une climatisation censée annuler le réchauffement. Une dernière mise, qui peut ruiner.

La réussite ambiguë de la révolution industrielle

Les découvertes de la science, les réussites de la médecine, l'instruction universelle, les pensions assurées, les handicapés protégés, les minorités respectées, les femmes libérées, les enfants scolarisés, les guerres honnies, l'aide au développement, la conscience écologique, telle est notre civilisation à l'aube du troisième millénaire pour les peuples les plus avancés.

Il a fallu beaucoup de travail, d'ingéniosité et de générosité de la part de nos prédécesseurs.

Sans déprécier ni surestimer cette réussite, il faut plutôt mesurer sa fragilité. L'abondance possède un coût, le gaspillage se condamne de lui-même, l'aveuglement est sa propre punition.

Depuis deux siècles, nous avons puisé dans les réserves planétaires d'énergie non renouvelable (pétrole, charbon, gaz, uranium) pour assurer le bien-être présent. Nous avons couvert les dépenses courantes du système technique en épuisant ce capital accumulé depuis des centaines de millions d'années. De ce fait, en modifiant l'atmosphère, nous avons contracté une dette que les futures générations devront rembourser. Nous prospérons dans l'opulence, en leur léguant des gisements écrémés et un air contaminé.

Fascinés par le progrès, nous avons atteint un sommet de l'évolution humaine. Nous contemplons avec superbe la voie empruntée, comme le firent au siècle précédent Edmund Hillary le premier homme qui atteignit le faîte de l'Himalaya, ou Neil Armstrong, celui qui posa le pied sur la Lune. Si la planète se réchauffe, il devrait bien y avoir un moyen technique de s'en prémunir.

Apprécions l'acquis, en évaluant ce qu'il faut préserver et ce qu'il faut abandonner. Nous venons de très loin, grâce à notre technique sans cesse réadaptée. De si loin même que nous ne savons pas exactement par où nous sommes passés. Comment cela a-t-il débuté? Pourquoi sommes-nous sortis de l'animalité? Pourquoi sommes-nous une sorte de singe en complet veston conduisant une automobile (climatisée)?

D'où venons-nous?

Non, nous ne descendons pas d'Adam et Ève, couple mythique, muni d'entrée de jeu d'une âme immortelle et d'une prétendue inclinaison pour le mal. Ce mythe a pour inconvénient de faire croire que nous serions distincts du monde animal et, donc, autorisés à abuser de la Nature qui serait toujours à notre service.

Les spécialistes de la paléontologie estiment que la séparation de l'homme et de l'animal s'est échelonnée entre 19 et 7 millions d'années. Au début, nous avions un aïeul commun avec les orangs-outangs, les gorilles, les chimpanzés, les bonobos. Ces lignées animales se détachèrent successivement du tronc commun, jusqu'à l'apparition de notre aïeul initial, dit Toumaï, voici 7 millions d'années, l'ancêtre de la lignée des Australopithèques, qui nous engendra 5 millions d'années plus tard.

En parallèle avec notre ascendant direct, cet animal qui a réussi à devenir le premier homme, baptisé *Homo habilis*, il y eut aussi d'innombrables cousins disparus. Diverses espèces d'hominiens, égarées dans des impasses de l'évolution, isolées physiquement les unes des autres, ont totalement disparu, parce qu'elles furent incapables de s'adapter à un environnement changeant, parce qu'elles ne survécurent pas aux bouleversements du climat, parce qu'elles s'obstinèrent dans leurs préjugés, en un mot parce qu'elles ne sont pas arrivées à devenir de plus en plus humaines, dynamiques, évolutives. La règle universelle de l'évolution veut que, parmi diverses espèces apparentées, certaines disparaissent pour faire place à la mieux adaptée.

Nous, les *Homo sapiens*, mâtinés de Neandertal, sommes les bénéficiaires de plusieurs extinctions massives, parce que nous avons surmonté des modifications rapides de l'environnement, qui ont éliminé nos concurrents. Nous aurions pu ne pas apparaître. Nous sommes le fruit d'un enchaînement de hasards, constituant autant de défis, que nous avons tous dépassés. C'est l'explication de notre espèce, sa définition, sa méthode de sélection à la fois biologique, technique et culturelle.

État des lieux

Cela attire notre attention à l'égard de la prochaine extinction déjà entamée, dont nous pourrions à notre tour être les victimes, si nous ne prenons pas les mesures adéquates. Non seulement l'environnement se modifie très rapidement sous nos yeux par la transition climatique, mais nous en sommes les principaux responsables. Nous pouvons donc la contrôler. Elle ne représente pas une fatalité.

Tel fut et est encore notre destin : former une espèce soumise à des défis aléatoires, qui se surmontent par la technique et la culture, indissociablement liées. Notre génie résista à toutes les menaces, en progressant obstinément dans une direction, que nous ne connaissions d'ailleurs pas à l'avance et que nous avons donc dû inventer au fur et à mesure. Nous sommes face à une nouvelle énigme, qu'il faut résoudre dans l'urgence.

Le résultat de l'évolution antérieure est là : 7.5 milliards d'hommes sur la terre, plus que la somme de toutes les générations qui l'ont précédée. Sans doute trop nombreux, parce que la prochaine crise sera d'autant plus difficile à surmonter.

Ces hommes si abondants jouissent aussi de vies plus longues et pèsent donc davantage sur l'environnement. Juste avant la révolution industrielle du XVIIe siècle, l'espérance de vie n'était que de 26 ans ; elle s'élève maintenant à 70 ans en moyenne dans le monde, mais elle varie de plus de 60 % selon les pays. Au Japon et en Suisse, 83,4 années ; au Sierra Leone, 50,1 années. La durée de notre existence est le triple de celle de nos ancêtres voici six générations. Ce n'est plus la même vie, ni la même mort, ni la même espèce, ni le même défi.

Exigence du défi

Venons-en à la menace. Malgré le négationnisme de certains agitateurs médiatiques ou politiques et sans verser dans le catastrophisme de leurs opposants, il est incontestable que nous avons changé un des paramètres essentiels de la planète, la composition de son atmosphère et sa capacité d'absorber l'énergie solaire. En grignotant notre capital d'énergie fossile, charbon, gaz et pétrole, nous détériorons notre milieu.

Un jour, ces ressources non renouvelables, l'énergie fossile et l'atmosphère supportable, seront forcément épuisées ou dégradées. Puisque nous vivons à crédit, un jour la facture sera présentée, à nous ou à nos descendants directs. Comme nous vivons au-dessus des moyens de la planète, un jour ces derniers manqueront.

Quand, comment? Personne n'en sait trop rien. Par la fonte des glaciers et la dilatation de l'eau, le niveau des océans va-t-il monter de combien de mètres? Quelles basses terres seront submergées, combien de centaines de millions d'hommes seront jetés sur les routes de la migration et comment seront-ils accueillis ou repoussés? La sécheresse des terres agricoles qui produisent les céréales réduira-t-elle les récoltes au point de susciter des famines? Le réchauffement s'emballera-t-il au point que la Terre devienne aussi inhabitable que Vénus?

Puisque personne ne sait certainement ce qui va arriver, les peuples continuent d'agir comme si rien ne surviendra, de lutter prétendument contre le réchauffement climatique en l'accélérant par la climatisation parmi d'autres inconséquences, en se donnant bonne conscience par les permis de polluer, en s'illusionnant.

Auparavant, l'homme pouvait supposer que chaque nouvelle génération disposait de la Nature telle que la génération précédente l'avait trouvée. Aujourd'hui, nous commençons à découvrir que notre système technique a des effets irréversibles, par l'ordre de grandeur et la logique cumulative.

Jadis notre Terre fut modelée par la dérive des continents, la chute d'un aérolithe et les éruptions volcaniques. Aujourd'hui, c'est nous qui sommes l'équivalent de la dérive, la chute et l'éruption.

Notre disparition ?

L'Histoire nous apprend deux vérités opposées: toutes les sociétés sont mortelles et les hommes n'ont jamais voulu le savoir. Comme sa descendance prolonge la vie de l'individu, il se console de son trépas par ce substitut d'immortalité. Dès lors, la pensée que puisse disparaître toute l'espèce qui le perpétue est encore plus insupportable que la contemplation de son propre effacement. On n'y pense pas.

Comme les sociétés se justifient par leur prétention à durer, le renoncement à cette illusion est ardu. Et lorsque les signes des temps apparaissent, ils sont ignorés jusqu'à précipiter l'effondrement même que l'on se refuse à considérer. Les sociétés meurent prématurément, parce qu'elles ne veulent pas savoir qu'elles sont mortelles. De ce fait, elles ne prennent pas les mesures manifestes qui pourraient les sauver. Ou même elles se précipitent vers de fausses solutions qui accélèrent une catastrophe, dont la climatisation est la plus emblématique.

Certes la cosmologie nous apprend que le système solaire déflagrera dans 250 millions d'années et que le genre humain disparaîtra dans cette apocalypse. Quoi que nous fassions, un jour il n'y aura plus âme qui vive sur Terre pour écouter une symphonie, donner le jour à un bébé ou cueillir une fleur. Mais ce terme tellement reculé n'émeut personne. Notre espèce d'*Homo sapiens*, vieille de deux cent mille ans à peine, n'est pas troublée par cette disparition finale, parce qu'un aussi long répit constitue une manière d'immortalité.

En revanche, une destruction prématurée, due à un égarement des hommes, est intolérable. Si un désordre du climat éradiquait l'espèce humaine, les derniers survivants éprouveraient un sentiment de désespoir.

Ainsi en fut-il des empires effondrés. Jadis celui fondé par Auguste, plus près de nous les empires coloniaux de l'Espagne, de la France et de l'Angleterre, maintenant la Russie et les États-Unis. En relisant l'Histoire, on découvre, mais trop tard, la trace des erreurs qui furent commises par des gouvernants aveuglés. On ne parvient pas à concevoir aujourd'hui qu'ils n'aient pas compris à temps ce qu'il aurait fallu faire.

Or, sous nos yeux ils récidivent.

Nos valeurs

On commence à s'interroger au sujet de la mondialisation. En principe, c'est un système idéal de répartition des tâches: chaque pays, chaque continent produit ce qu'il peut faire de mieux en termes de qualité et de coût. L'élévation continue et spectaculaire du niveau de vie dans maints pays illustre cette théorie. Néanmoins des phénomènes brutaux et imprévus viennent ruiner ce concept de croissance indéfinie et bénéfique.

Les valeurs les plus fondamentales du vivre ensemble se délitent et les pires autocrates accèdent au pouvoir parce qu'ils prétendent apporter une solution à un problème insoluble par définition, la croissance sans limite. Essayons de le faire pressentir avec la parabole du casino kafkaïen.

Parabole du casino

À Las Vegas, il existe des casinos où des joueurs acharnés s'efforcent de gagner une fortune en jouant de façon frénétique. Dans les intervalles du jeu, ils discutent des martingales qui pourraient leur apporter cette fortune, ils comparent les mérites de la roulette, des machines à sous et des jeux de cartes.

Cependant, ils se gardent d'évoquer la règle de base du casino, à savoir que les jeux sont organisés de façon à donner une marge de gain certaine au casino et que, plus un joueur joue, plus il est certain de perdre, et de perdre de plus en plus. On observe des joueurs qui utilisent simultanément deux machines à sous dans l'illusion qu'ils accroissent ainsi leurs chances. En réalité, ils ne font que précipiter l'issue inévitable du jeu selon la règle évidente : plus vite on joue, plus vite on perd tout. Ils le savent mais ils agissent comme s'ils ne le savaient pas. Ils organisent leur propre illusion, qui sert de bouclier contre une société décevante.

Un casino est le lieu d'une intrigue à la Kafka, où l'essentiel, connu de tous, n'est jamais dit, parce que l'énoncé de la règle de base du casino ruinerait à coup sûr le plaisir des joueurs et que la prise de conscience des joueurs ruinerait à coup sûr le casino. Il faut ne rien entendre au calcul des probabilités pour jouer de façon frénétique dans un casino. Il faut, pour cela, faire un non-dit de ce qui est évident, un non-su de ce que l'on ne sait que trop.

Dans l'affaire qui nous occupe, l'analogie avec le genre humain est claire. Plus il se développe, plus il crée un désordre global qui est la condition d'un ordre local : refroidir une pièce avec un climatiseur au détriment de l'atmosphère extérieure.

Cette vérité est inscrite dans tous les livres de thermodynamique et elle est bien connue de tous les ingénieurs. Néanmoins le développement actuel de l'économie globalisée procède d'une course en avant où l'on s'imagine que, plus on industrialise, plus on gagne. Cette illusion technique est donc pareille à la fièvre du jeu. Elle provient du même travers psychologique et elle conduit à une ruine aussi absurde.

La parabole du casino ne signifie pas qu'il faille bannir cette institution sous prétexte qu'elle est le temple de l'irrationnel. Il faut imaginer le joueur heureux même si son comportement est absurde. S'il aime jouer, on peut cependant lui faire observer et comprendre que, moins importantes sont ses mises, plus longtemps il jouera. Telle est la stratégie qu'il faudrait transposer dans le développement du genre humain.

Nous vivons dans un univers qui ressemble à un gigantesque casino gouverné par trois lois, concevables seulement par Kafka : il n'est pas possible de gagner ; il est obligatoire de jouer ; à la fin, on perd toujours tout.

La plupart des joueurs préfèrent ignorer les lois du casino pour ne pas désespérer. Installer une masse de climatiseurs pour lutter contre le réchauffement climatique est directement contradictoire avec une évidence que l'on ne veut pas reconnaître. Nous proposons au contraire de l'apprendre le plus possible, afin de ne pas en être dupe et de l'utiliser au mieux.

Revenir à la sobriété?

Le mot est malsonnant au point qu'on ne le rencontre jamais dans les proclamations officielles traitant de la crise climatique. Car la sobriété ne concerne pas seulement l'énergie mais la totalité de la consommation: nourriture, déplacement, vêtement, soins, formation, distraction, logement. Il faut volontairement revenir à des pratiques bien oubliées: ne pas jeter ce qui peut encore être utilisé, raccommoder les vêtements, cuisiner les restes, se satisfaire d'un logement moins spacieux, ne pas surchauffer en hiver, ni climatiser en été.

Cette sobriété contrainte est pour l'instant pratiquée par les peuples pauvres et par les pauvres des peuples riches parce qu'ils n'ont pas le choix. Plus une minorité instruite qui aurait les moyens de gaspiller et qui s'en abstient par conviction.

Cette question provocante se pose avec une insistance progressive au début de ce millénaire: la société industrielle, globalisée, libérale, démocratique, productiviste, qui garde la meilleure conscience du monde, ruine-t-elle les fondements même de sa réussite ? Une civilisation fondée sur le profit, la surconsommation et le gaspillage est-elle durable ? Est-ce envisageable de croître sans arrêt ? Peut-on créer un marché des climatiseurs en expansion parce que c'est profitable à une industrie particulière alors qu'il existe d'autres solutions au réchauffement climatique ?

Comment renoncer à la croyance fondatrice de notre société, le mythe de la croissance pour la croissance, sans délibération préalable de son objectif ? Comment persuader les peuples, qui sont les détenteurs ultimes du pouvoir en démocratie, de réduire leur pouvoir d'achat, de changer d'emplois et de renoncer à leurs habitudes les plus chères : la bagnole, la plage, la malbouffe, le suréquipement ménager et informatique ?

Il ne peut y avoir de sobriété réelle et assumée que volontaire. La gauche prétend tout changer parce qu'elle sait qu'elle n'y sera pas obligée, la droite plaide le droit imprescriptible à la liberté. En attendant nous demeurons au milieu du gué, à la merci d'un système coriace. Deux idées contraires coexistent : la croissance et la sauvegarde de l'environnement que le discours politique peine à réconcilier et dont il dissimule la contradiction dans un discours lénifiant.

Telle est la véritable question, à laquelle, pour l'instant, personne n'a de réponse, y compris l'auteur de ce livre. Son seul but fut de porter à la connaissance du plus grand nombre les conséquences d'un aveuglément singulier, le climatiseur, afin de prendre conscience du défi global, garder une planète habitable. On est passé du problème technique qui a des solutions évidentes au problème humain : comment changer de civilisation ?

La façon classique consiste à se tourner vers la culture dans toutes ses dimensions, littérature, musique, théâtre, peinture, qui possède une dimension prophétique. Voltaire et Rousseau ont induit la Révolution qui a fait passer la France de la féodalité à la République. La Neuvième de Beethoven est une anticipation prophétique d'une Europe pacifiée et unifiée. Le théâtre de Brecht et le tableau Guernica de Picasso ont dénoncé la perversité du nazisme. Alexandre Soljenitsyne a dévoilé la fourberie du régime communiste par un petit roman, *Une journée d'Yvan Denissovitch*, et déclenché la perestroïka.

« La culture répond à l'homme quand il se demande ce qu'il fait sur terre. »

Table des matières

I Une fausse solution à un vrai problème 9

L'utile et le superflu 9
Climatiseurs et énergie 11
Transition des combustibles fossiles à l'électricité 13
Prendre le réchauffement au sérieux 14
L'envie et le besoin 15
État des lieux 16
Le paradoxe de Jevons 19
Les limites de la technique 21
La composante démographique 23
Le problème global 23

II Un cycle à tout faire 25

Le cycle frigorifique 26
Trois fonctions possibles 28
L'invention 29
Installations mobiles et fixes du climatiseur 30
Variante intéressante 30
Le réfrigérateur à absorption 31
Une technique neutre 32

III	**L'impasse croissante de l'énergie**	35
	La consommation ménagère d'énergie	36
	L'impasse des transports	38
	La reconversion du système technique	40
	Origine d'une pénurie	41
	Un problème récent	43
	Consommation d'énergie et confort	45
	Le gaspillage	46
	L'énergie ne garantit pas le confort	47
	La dimension géologique	47
	Deux préjugés tenaces	49
	La dimension géopolitique	53
	La dimension climatique de l'énergie	56
	Le nucléaire comme faux-fuyant	58
	Ses inconvénients	59
	Vraie valeur de zéro fois l'infini	61
	La science déconsidérée	63
	La roulette russe de la sécurité nucléaire	64
	La crise de l'énergie n'est pas une fatalité	66
IV	**Le climat entre scepticisme et réalité**	69
	Du bon usage de la canicule	69
	Stabilité naturelle du climat	70
	Le scepticisme climatique	72
	D'où venons-nous ?	74
V	**Les retombées du gaspillage énergétique**	77
	Climatiseur et santé	77
	Effets mineurs et cumulatifs	79
	Effets systémiques	80
	Cyclones	81
	Sécheresse	82
	Pénurie alimentaire	83
	Migrations	84
	Hausse des océans	86
	Cas de l'Europe	89
	Scénario extrême	89

VI La duplicité politique 91
Les ballets diplomatiques 92
La COP 21 92
Droit de polluer 95
Justice sociale 98
Une attente déçue 98
Une seule planète 100
Droit dans le mur 103
Bien agiter le peuple avant de s'en servir 104

VII La menace démographique 107
Explosion de la population 107
Des objectifs contradictoires 108
Un futur menaçant 110

VIII La climatisation sans climatiseur 113
Le long terme 113
Rénover l'habitat 114
L'exemple de l'architecture des pays chauds 116
Solution immédiate : le ventilateur au lieu du climatiseur 118
L'aménagement du territoire 120
La persuasion 121
Solutions transitoires 122
Gestion quotidienne du logement 123

IX Une culture de la sobriété 125
Le défi 128
La réussite ambiguë de la révolution industrielle 130
D'où venons-nous ? 132
État des lieux 134
Exigence du défi 135
Notre disparition ? 137
Nos valeurs 139
Parabole du casino 139
Revenir à la sobriété ? 142

Du même auteur

Ouvrages scientifiques

Théorie des réseaux de Kirchhoff (avec René Boite), Georgi, 1976
Filtres électriques (avec Martin Hasler), Georgi, 1981
Circuits non linéaires (avec Martin Hasler), PPR, 1985
Your brain and yourself, Springer, 2007

Essais

Le huitième jour de la création, PPUR, 1986
Peut-on vivre avec l'islam ?, Favre, 1999
Tout savoir sur le génie génétique, Favre, 1998
Science est conscience, PPUR, 2005
Marcel Ospel, Favre, 2008
Profession menteur, Favre, 2010
Le savoir-croire, Salvator, 2014
Le secret des Suisses, Cabédita, 2018
Avant qu'il soit trop tard, Cabédita, 2019

Dans le même thème